南京水利科学研究院出版基金资助出版

三维非结构波流耦合数值模型应用研究

王金华　著

黄河水利出版社
·郑州·

内容提要

本书在非结构有限体积数值模型基础上，通过耦合非结构波浪数值模型，建立了非结构波流完全耦合数值模型，并对建立的模型进行了一系列验证，利用建立的模型开展了渤海环流及影响因素、渤海海峡溢油及大伙房水库水动力、水质数值模拟等应用研究，在此基础上探讨了波流相互作用过程对水动力、水环境模拟结果的影响。

本书可供水利、海洋等行业科研人员及高等院校师生参考。

图书在版编目(CIP)数据

三维非结构波流耦合数值模型应用研究/王金华著
.—郑州:黄河水利出版社,2018.12
ISBN 978-7-5509-2234-1

Ⅰ.①三… Ⅱ.①王… Ⅲ.①波流-耦合-三维数值模拟-模型-研究 Ⅳ.①P731.21

中国版本图书馆 CIP 数据核字(2018)第 292924 号

组稿编辑:贾会珍　电话:0371-66028027　E-mail:110885539@qq.com

出 版 社:黄河水利出版社　网址:www.yrcp.com
地址:河南省郑州市顺河路黄委会综合楼 14 层　邮政编码:450003
发行单位:黄河水利出版社
发行部电话:0371-66026940、66020550、66028024、66022620(传真)
E-mail:hhslcbs@126.com
承印单位:河南新华印刷集团有限公司
开本:787 mm×1 092 mm　1/16
印张:8.25
字数:190 千字　印数:1—1 000
版次:2018 年 12 月第 1 版　印次:2018 年 12 月第 1 次印刷

定价:36.00 元

前　言

模型是对实际事物高度的抽象和概括，它包括数学模型和物理模型两类。物理模型因其造价高、建设时间长，方案更改周期比较长，不容易模拟复杂的自然环境条件，受时间尺度和空间尺度限制较大，在实际应用中受到很大限制。数学模型是在对事物机制进行抽象的基础上建立起来的数学物理方程，在合适的初值、边值条件下，可以通过数值方法求得物理变量的时空分布。数学模型除能重现研究区域的流体运动和污染物的浓度分布外，经过调试和验证还可以用来预测水体的水流形态、水质变化情况等。数学模型以其经济和易调试等优点，目前已成为水动力、水环境领域研究的重要工具。

本书通过建立一个非结构波浪模型，进而修改三维非结构海洋数值模型 FVCOM 与波浪模型进行双向耦合。在建立的模型基础上，对近海和水库中的水动力、水环境进行了研究，研究成果可为相关行业科技水员提供参考。本书的出版得到了南京水利科学研究院出版基金、国家自然科学基金“半封闭港湾内水体输运时间分布规律及其对水质的反馈影响机制研究”（51779147）的资助。由于水平有限，不妥之处，敬请各位同行批评指正。

作　者

2018 年 10 月

目　录

1　绪　论

1.1　研究背景和意义

地球表面的72%被水覆盖，其中海水面积接近地球面积的71%。海洋是生命的摇篮，海水不仅是宝贵的水资源，而且蕴藏着丰富的化学资源。世界水产品中约85%产于海洋。海水运动产生海洋动力资源，主要有潮汐能、波浪能、海流能及海水因温度差和盐度差而引起的温差能与盐差能等。此外，海洋中还含有丰富的石油、天然气、煤铁等固体矿产、稀有金属及可燃冰等资源。海洋资源的开发利用和保护在国民经济可持续发展中具有极其重要的地位。

向海洋进军的同时伴随着一些挑战，由于大气的强烈扰动，如热带气旋、温带气旋等；海洋水体本身的扰动或状态骤变；海底地震、火山爆发及其伴生之海底滑坡、裂缝等会导致一些海洋灾害，比较常见的如海洋风暴潮、巨浪等。海洋自然灾害会威胁海上及海岸作业，如引起海上钻井平台遭到破坏，近几年比较著名的事件有墨西哥湾的石油钻井平台遭到破坏导致大量原油倾泻入墨西哥湾，给沿岸的生态造成巨大影响。此外，海洋灾害还会在受灾地区引起许多次生灾害和衍生灾害，如引起海岸侵蚀、土地盐碱化等，对这些海洋灾害的及时预报能够有效地减轻或避免灾害带来的危害。

近岸海域是陆地、海洋、大气之间各种过程相互作用最活跃的界面，其环境和生态系统受到来自海洋和陆地的双重作用的影响，尤其对人类活动的影响十分敏感。人类活动产生的“三废”物质给河流和近岸海域造成严重污染，海上人类活动如捕捞、疏浚、沙滩开发、油气勘探与开采、水产养殖等活动所产生的各种污染物对海洋环境也产生较大的影响。海洋虽有巨大的自净能力，但是局部海域因流体动力过程的不同，水体的纳污和自净能力差别很大。了解某海域的海流运动过程，对掌握污染物入海后的输运规律，探明污染物在水体中的浓度分布及变化，研究污染物对海洋生态环境的影响具有重要意义。

虽然地球表面的72%被水覆盖，但淡水资源仅占所有水资源的0.5%，其中仅有0.007%的水可为人类直接利用，而中国人均淡水资源只占世界人均淡水资源的1/4。在流域地面上的降水，由地面及地下按不同途径泄入河槽后形成河川径流，由于河川径流具有多变性和不可重复性，在年与年、季与季以及地区之间来水都不同，且变化很大。大多数用水部门都要求比较固定的用水数量和用水时间，它们的要求经常不能与天然来水情况完全相适应。人们为了解决径流在时间上和空间上的重新分配问题，充分开发利用水资源，使之适应用水部门的要求，往往在江河上修建一些水库工程。水库的兴利作用就是进行径流调节、蓄洪补枯，使天然来水能在时间上和空间上较好地满足用水部门的要求。在中国许多缺水地区，水库扮演着一个重要的角色，保证水库的水体安全关系到这些区域的发展和社会稳定。

作为内陆水体的一个重要的组成部分,水库资源丰富并兼有防洪、灌溉、供水、旅游和渔业等多种功能。随着我国国民经济的高速发展,人类经济生活与水库水体相互依托的关系更为密切,水库水资源与环境问题已倍受政府和公众的广泛关注,由于水库是人类以其主观能动性对水资源进行充分利用而开展的生产活动,它使河流径流在时间和地域上实现了重新分布,从而成为对水资源多方面综合利用和减灾防灾的基础。然而,这种特殊高强度对水生生态系统水资源和生物资源的利用,除满足国民经济对水资源提出的多方面要求外,还会给库区自然环境带来一系列不利的影响,尤其是水流变缓、水交换量减少、水面扩大,可能对水库造成污染,使生态系统自净能力和环境承载力降低,导致水库生态环境的恶化,这些不仅影响水库的正常运行,也会影响库区下游的生态环境。不言而喻,水库的水质管理对于水库水资源的持续利用显得尤为重要。

模型是对实际事物高度的抽象和概括,它包括数学模型和物理模型两类。物理模型因其造价高、建设时间长,方案更改周期比较长,不容易模拟复杂的自然环境条件,受时间尺度和空间尺度限制较大,在实际应用中受到很大限制。数学模型是在对事物机制进行抽象的基础上建立起来的数学物理方程。在合适的初、边值条件下,可以通过数值方法求得物理变量的时空分布。数学模型除能重现研究区域的流体运动和污染物的浓度分布外,经过调试和验证还可以用来预测水体的水流形态、水质变化情况等。数学模型以其经济和易调试等优点,目前已成为水动力、水环境领域研究的重要工具。开展水动力水质数值模型研究具有重要的现实意义。

1.2 国内外研究概况

1.2.1 三维海洋模型研究进展

近海水域的水流数值模拟是指通过对水流运动控制方程进行数值离散求近似解的方法来模拟水流运动的一门技术,海洋运动的控制方程组由下列不可压连续、动量、温度、盐度和密度方程组成,具体如下:

$$\frac{\partial u}{\partial x}+\frac{\partial v}{\partial y}+\frac{\partial w}{\partial z}=0 \tag{1-1}$$

$$\frac{\partial u}{\partial t}+\frac{\partial u^2}{\partial x}+\frac{\partial uv}{\partial y}+\frac{\partial uw}{\partial z}-fv+\frac{1}{\rho_0}\frac{\partial P}{\partial x}+g\frac{\rho(\eta)}{\rho_0}\frac{\partial \eta}{\partial x}-\int_z^{\eta}\frac{\partial b}{\partial x}\mathrm{d}z'-F_x-\frac{\partial}{\partial z}\left[K_m\frac{\partial u}{\partial z}\right]=0 \tag{1-2}$$

$$\frac{\partial v}{\partial t}+\frac{\partial vu}{\partial x}+\frac{\partial v^2}{\partial y}+\frac{\partial vw}{\partial z}+fu+\frac{1}{\rho_0}\frac{\partial P}{\partial y}+g\frac{\rho(\eta)}{\rho_0}\frac{\partial \eta}{\partial y}-\int_z^{\eta}\frac{\partial b}{\partial y}\mathrm{d}z'-F_y-\frac{\partial}{\partial z}\left[K_m\frac{\partial v}{\partial z}\right]=0 \tag{1-3}$$

$$\frac{\partial T}{\partial t}+\frac{\partial uT}{\partial x}+\frac{\partial vT}{\partial y}+\frac{\partial wT}{\partial z}-\frac{\partial}{\partial x}\left[A_h\frac{\partial T}{\partial z}\right]-\frac{\partial}{\partial y}\left[A_h\frac{\partial T}{\partial z}\right]-\frac{\partial}{\partial z}\left[K_h\frac{\partial T}{\partial z}\right]=0 \tag{1-4}$$

$$\frac{\partial S}{\partial t}+\frac{\partial uS}{\partial x}+\frac{\partial vS}{\partial y}+\frac{\partial wS}{\partial z}-\frac{\partial}{\partial x}\left[A_h\frac{\partial S}{\partial z}\right]-\frac{\partial}{\partial y}\left[A_h\frac{\partial S}{\partial z}\right]-\frac{\partial}{\partial z}\left[K_h\frac{\partial S}{\partial z}\right]=0 \tag{1-5}$$

$$\rho=\rho(T,S) \tag{1-6}$$

式中：x、y、z 为直角坐标系下的东、北和垂直方向的坐标；u、v、w 为 x、y、z 方向上的速度分量；η 为自由水面，z 从 $\eta(x,y,t)$ 变化到 $-H(x,y)$；$b=-g[(\rho-\rho_0)/\rho_0]$；$\rho$ 为海水密度；ρ_0 为海水参照密度；P 为压强；f 为科氏参数；g 为重力加速度；K_m、K_h 分别为垂直涡黏系数和热扩散系数；A_m、A_h 分别为水平涡黏系数和热扩散系数；T 为海水温度；S 为海水盐度；F_x、F_y 代表水平动量扩散项

$$F_x = \frac{\partial}{\partial x}\left(2A_m\frac{\partial u}{\partial x}\right) + \frac{\partial}{\partial y}\left[A_m\left(\frac{\partial u}{\partial y} + \frac{\partial v}{\partial x}\right)\right]$$

$$F_y = \frac{\partial}{\partial y}\left(2A_m\frac{\partial v}{\partial y}\right) + \frac{\partial}{\partial x}\left[A_m\left(\frac{\partial u}{\partial y} + \frac{\partial v}{\partial x}\right)\right]$$

动力学边界条件包括：在自由表面 $z=\eta$ 处的边界条件

$$w = \frac{\partial\eta}{\partial t} + \frac{u\partial\eta}{\partial x} + \frac{v\partial\eta}{\partial y} + \frac{E-P}{\rho};K_m\left(\frac{\partial u}{\partial z},\frac{\partial v}{\partial z}\right) = \frac{1}{\rho_0}(\tau_{sx},\tau_{sy})$$

$$\frac{\partial S}{\partial z} = -\frac{S(P-E)}{K_h\rho}\cos(1/\sqrt{1+|\nabla\eta|^2});\frac{\partial T}{\partial z} = \frac{Q_T}{\rho K_h}$$

在海底 $z=-H$ 处的边界条件

$$w = -u\frac{\partial H}{\partial x} - v\frac{\partial H}{\partial y};K_m\left(\frac{\partial u}{\partial z},\frac{\partial v}{\partial z}\right) = \frac{1}{\rho_0}(\tau_{bx},\tau_{by})$$

$$\frac{\partial S}{\partial z} = 0;\frac{\partial T}{\partial z} = 0$$

在侧向固边界处的边界条件

$$v_n = 0;\frac{\partial T}{\partial n} = 0;\frac{\partial S}{\partial n} = 0$$

式中：(τ_{sx},τ_{sy}) 和 (τ_{bx},τ_{by}) 由 $C_d\sqrt{u^2+v^2}(u,v)$ 求解，C_d 为拖曳系数；Q_T 为表层热通量；P、E 分别为降水量和蒸发量；v_n 为垂直于侧向固边界的法向速度。

根据离散方法的不同，国际上流行的模型可分为三类：一类是采用有限差分法离散的模型；一类是采用有限体积法离散的模型；一类是采用有限元法离散的模型。

其中，差分模型占绝大多数，根据模型采用的坐标系可分为直角坐标系、正交曲线坐标系及非正交曲线坐标系模型。Oey 和 Chen[1] 指出在整个区域内采用相同的网格分辨率会消耗大量的计算资源，且在水流比较光滑的区域采用较粗的网格即可达到模拟精度要求。采用正交曲线坐标可在一定程度上缓解这种矛盾。Sankaranarayanan 和 Ward[2] 建立了正交坐标系下的三维水动力学模型，并将其应用于 Narragansett 海湾。Blumberg 和 Mellor[3] 建立了在海洋数值模拟领域非常著名的 POM 模型，以及后来在此基础上引入半隐格式的 ECOM 模型。类似的还有 Hamrick 和 Sciences[4] 开发的三维正交曲线数值模式及近年来非常流行的 ROMS[5] 模型。从直角坐标系转化至正交曲线系下的控制方程在原方程基础上添加的附加项很少[6,7]，保持了直角坐标系下方程离散简单的优点。但是采用正交网格也有一定的局限，如在网格变率比较大的区域会产生数值误差，最终会影响水体的紊动[8]，且在网格需要加密的地方正交性不容易满足[9]。Muin 和 Spaulding[10,11] 建立了非正交网格下的水动力模型，使用非正交网格在拟合复杂边界时更加灵活，但在将控制方程转化到非正交坐标系下时，方程要增加的附加项较多，且随着网格角度偏离直角的

程度加大,模型误差增大[12]。

有限元法由于采用非结构的网格如三角形、四边形,能够很好地拟合复杂的边界,但是在早期采用有限元法离散浅水方程时,会出现强烈的数值振荡。Lynch 和 Gray[13] 发现将连续方程变为高阶形式的波浪方程,可以去除早期有限元模型中的数值振荡。Hill 等[14]采用有限元模型 ADCIRC 计算了河流对阿拉斯加东南部冰川湾的影响。Walters[15] 对近年来采用有限元法求解浅水方程给出了很好的综述。

近年来,有限体积法得到了许多学者的青睐[16-18],它结合了有限元的网格易曲性与有限差分的离散简单等优点。Oey 和 Chen[19] 在采用三维海洋模型研究大西洋东北区域的海水运动时讨论了网格分辨率对模型结果的影响,指出网格的分辨率会在一定程度上影响数值模型的结果。Ezer 和 Mellor[20] 研究表明网格分辨率对诊断模型结果影响较小,而会在一定程度上影响预报模型的结果。当采用非结构网格时,可根据需要在重点研究区域进行网格加密,减小由网格分辨率造成的数值误差。

在垂向上有多种计算坐标,每种坐标都有各自的优缺点。采用 z 坐标的有地球物理流体动力学实验室海洋模式(GFDL)[21],丹麦水利研究所开发的 MIKE3;采用 sigma 坐标的有普林斯顿海洋模式(POM)[3],谱方程模式(SPEM)[22] 等;迈阿密等密度模型(MICOM)[23] 采用一个等密度面坐标;以及一些杂交坐标,如 z 坐标与 sigma 坐标的杂交[24],Song 和 Haidvogel[6] 提出的广义 S 坐标等。在海洋模型中比较常见的为 sigma 坐标,它在垂向上不论水深深浅均使用相同的层数,使得它在模拟浅水区域时有很大优势,当地形变化不是很剧烈的时候能得到很好的结果[25]。但是它也存在一些不足之处,如在计算压力梯度的时候,当地形变化剧烈,遇到突然变化的地形时,如陆架、海山等,能够引起较大的数值误差[26-28]。Mellor 等[27] 将由 sigma 变换引起的误差分为两类:①由二维斜压项引起的误差,它会随着模拟时间的推进逐渐减小。②由三维斜压引起的误差,它不会随着模拟时间推进而减小。很多数值方法被提出用于减小 sigma 坐标变换引起的误差[29-33]。Mesinger[29] 提出了一种新的 Eta 坐标系,它与 sigma 坐标系不同,sigma 坐标在表层与底层均为连续的,而 Eta 坐标则在表层连续,在底层以阶递式变化,Luo 等[34] 将 Eta 坐标应用到 POM 模型中,在计算海山算例与 sigma 坐标的结果对比中发现,采用 Eta 坐标能够减小由地形变化引起的误差。

紊流模型有简单的根据流体性质决定涡黏系数[35],采用零方程模型[36],采用 Mellor-Yamada 2.5 阶紊流闭合模型[37] 及改进版[38] 以及 GLS 模型[39],其中 GLS 模型包含了 $k-\varepsilon$(kinetic energy and energy dissipation)模型、$k-\omega$(kinetic energy and frequency of dissipation)模型,虽然没有严格的包含 Mellor-Yamada 2.5 阶紊流模型,但是包含了和它类似的 $k-kl$(kinetic energy and kinetic energy times length scale)模型。Xing 和 Davies[40] 指出采用不同的紊流模型对潮流模拟结果影响不大。Warner 等通过了几个示例比较了 4 种比较流行的紊流模型,指出 4 种紊流模型计算出的垂向紊动在量级和形状上相似。Durski[41] 比较了 Mellor-Yamada 2.5 阶与 KPP 紊流模型,指出 Mellor-Yamada 2.5 阶紊流模型的混合深度较 KPP 紊流模型计算出的要深。

数值模型的结果只能近似地反映流场的规律。目前,对海洋动力的研究已进入了卫星时代,占地球表面 70% 的海洋可通过卫星获取各种观测数据。直接观测得到的数据,虽然是对海洋流场进行的真实观测,但由于观测设备的局限和观测点的随机变动,观测结果具有不可避免的系统误差与随机误差。两种方式获得的数据具有各自的优缺点。近年来数据同化成为数值模型的研究热点,数据同化的主要目的是将观测数据与理论模型结果相结合,吸收两者的优点,以期得到更接近实际的结果。它借用观测数据和模式两者各自的优势,得到更接近客观自然的结果[42-49]。

1.2.2 拉格朗日方法研究海洋水体的输运进展

模拟海洋中的粒子运动对一些活动,如预测污染物的扩散,实行人工搜救活动,评估一个区域的生态数量(如幼鱼的分布),以及战争中的水雷的分布等具有重要意义。

Mitarai 等[50]根据南加利福尼亚州拜特沿海环流的数值结果采用拉氏概率密度函数(Lagrangian probability-density functions)法描述了水体连通性,即水位在一定时间内从某一位置运动到另一位置的概率。Moon 等[51]在 ROMS 模型基础上采用拉格朗日粒子追踪的方法研究了 2005 年夏季的海洋动力过程对巨型水母在东中国海北部、黄海、东日本海分布的影响。Ivanov 等[52]通过浮标在2002 年和2003 年的拉格朗日运动轨迹研究了黑海的水体循环。McCormick 等[53]通过分析 2003 ~ 2005 年的表层浮标轨迹描述了尚普兰湖的水体循环。Haza 等[54]先采用由高精度海洋模型 NCOM 计算出的亚得里亚海的欧拉流场,然后通过离线方法统计示踪物质的运动轨迹来分析扩散和李雅普诺夫指数的影响。Jakobsen 等[55]通过分析浮标的拉格朗日轨迹认为北欧海域的底部地形导致该区域近表层环流为气旋式。Ursella 等[56]为了研究亚得里亚海北部和中部的表层环流和季节变化,在 2002 年 9 月至 2003 年 11 月期间部署了 120 多个卫星跟踪的漂流浮标在这些区域。Poulain 和 Zambianchi[57]通过分析 1990 ~ 1999 年期间的 150 多个卫星追踪的浮标研究了地中海中部包括西西里岛通道,伊特鲁里亚南部和爱奥尼亚海西部的表层环流。Domingues 等[58]在分辨率为 0.28°的洛斯阿拉莫斯国家实验室并行海洋模式的基础上采用离线粒子追踪方法描绘了东边界流与澳大利亚周围上层海水的大尺度环流之间的水体交换。Edwards 等[59]通过比较 2000 ~ 2001 年美国东南部大陆架上的粒子运动实测轨迹和数值模型结果研究了该区域的水体运动特性。Prakash 等[60]采用粒子追踪模型与水动力模型进行连接,研究了安大略湖的平均环流的季节变化,为预测水华现象发生提供理论依据。Rossby 等[61]通过 22 个声学跟踪 RAFOS 浮标分析了北大西洋暖流在冰岛和法罗群岛之间的挪威海域的扩散和运动路径。Gong 等[62]采用 6 年(2002 ~ 2007 年)的 CODAR 远程高频地波雷达数据反演出大西洋中部海湾地区季节环流的空间结构。

渤海是一个半封闭的浅海,平均水深约为 18 m。在过去的几十年里,我们对渤海的了解越来越深入。根据渤海的实测数据,一些学者总结出了渤海的环流大体形态。匡国瑞等[63]通过分析观测资料得出渤海环流的季节变化不强。通过分析流速资料与海水的温度、盐度资料,管秉贤[64]得出渤海环流结构如下:海流从渤海海峡北部流入,从海峡南部流出。黄海暖流从渤海海峡的深处传入渤海,当到达渤海西岸时海流分成两股,一股沿着辽东湾西岸向北传播从辽东湾东侧传出辽东湾,形成一个顺时针环流;另一股进入渤海湾,经过旧黄河口进入莱州湾最终经过渤海海峡流出渤海。

尽管关于这一区域的环流结构已经开展了一些研究[65-70],但是关于这一海域的水体和可溶性物质的输运研究较少,为此有必要针对这一方面进行研究。一个可行的办法是采用拉格朗日粒子追踪的方法。拉格朗日方法首先被海洋学家用于研究海洋的平均流动[71,72],通过研究粒子的输运路径可以让我们更好地了解渤海海域的环流结构,它对该区域海洋环境和海洋生态具有重要意义。这些结果可完善我们对这一海域的认识,而仅通过实测资料与欧拉模型不能达到这一效果。

同时,海湾的环流结构受多种因素的影响,譬如密度分层、风、河流和潮汐潮流等。由于这些原因,不同研究人员对渤海环流及其动力机制得出的结果不尽相同。渤海环流的主要影响因素尚不明了,为此需要进一步的研究。

1.2.3 波浪及波流耦合模型研究进展

第三代波浪模型可以较好地预测深水波浪[73],它们都是基于波能或波作用平衡方程,当加入浅水效应、折射、底部摩擦的时候可以应用于陆架(有限水深)区域。第三代海浪模式的特点是:海浪谱值只用积分谱传输方程来计算,事先不必对谱形加以任何限制。为此,模式中必须具有严格的参数化非线性相互作用源函数,它包含的自由度个数与谱本身自由度个数相同;同时模式中必须给定未知的消衰源函数使能量平衡得到闭合。能量平衡方程预报浅水风浪始于20世纪80年代后期,1980~1983年,美、日、英、德、荷兰等国的海浪科学家组成研究组将适用于深海的相平均谱波浪模型进行改进,使其适用于近岸风浪预报;Tolman[74]提出了基于动谱平衡方程的WAVEWATCH第三代波浪预报模型;Ris等[75]总结历年来波浪能量输入、损耗及转换的研究成果,研制出适用于海岸、湖泊及河口波浪的SWAN模型,全面考虑波浪浅化、折射、反射、底摩擦、破碎、白浪、风能输入及波浪非线性效应。模型采用全隐式有限差分格式,无条件稳定,与采用显式有限差分格式的传统谱波浪模型相比,即使在很浅水域,其时间步长也可以较大。

在海洋环境复杂的海域模拟波浪、海流对该区域的海洋工程和环境评价具有重要意义。风吹过水面时,同时会产生波与流,由风引起的流、表面波及它们之间的相互作用对海洋的许多物理过程产生影响,如水体输送、动量、能量、上升流、风暴潮以及海气相互作用等,这些物理过程对海洋化学、生态有着重要的影响。多年以前已经有学者开始认识到表面波浪会影响海流[76];此外波浪亦受到流的影响,包括潮流、海流、风生流、河流、波生流,在波流受到阻隔的时候,通过波波相互作用,频率向高频与低频部分转移[77]。现在的波流相互作用模型着重研究流对波的影响[78,79],在许多情况下表面波对海流有着很大的影响。

总体来说,表面波通过以下几个方面来影响海流:①增加了表层粗糙长度且增加了表面风应力[80];②在浅水区增加了底层应力[81-83];③与流通过辐射应力相互作用[84]。还可以通过其他方式影响海流,如波浪引起的Stokes漂移、科氏波浪力[85,86]等。

事实上,潮流的传播也受到风浪涌水的影响,并导致潮与涌水的相互作用[87]。随着对波流相互作用深入地认识,科学家越来越热衷于建立一个耦合了三维海洋模型与波浪模型的区域模拟预报系统。

采用耦合模型使数值模型包含多种物理过程和相互作用,可进行多方面的应用。近年来,在这一领域相继建立了一些数值模型[88-97]。Mastenbroek等[89]研究了风、波浪及风暴涌水之间的动力耦合过程，但是他们的模型只是一个二维模型，且模型中只考虑了波浪对流的作用而流对波浪的作用未作考虑。Davies 和 Lawrence[93]研究了三维数值模型中波浪相互影响过程，在他们的研究中，表面波作为一个恒定的外部输入条件加到流模型中，通过强制性加入波浪条件，流对波浪的反馈效应不能进行考虑且在他们的模型中波浪对表层风应力的影响未作考虑。Zhang 和 Li[92]耦合了波浪模型与三维正压海洋模型来研究波浪在模拟风暴涌水时的影响，但是他们的波浪模型中没有考虑浪频率和波浪方向的关系。Warner 等[98]采用模型耦合工具包耦合了 ROMS 和 SWAN 模型，它提供了一种模型耦合途径，两个子模型可相互独立运行，不需要作额外的修改。但是这种方法也存在一定的缺陷，例如模型中可能会产生冗余的信息，即同一个数据可能被需要提供多次，且大部分需要的数据格式也会有所不同。Xie 等[91, 94, 95]分析了波流相互作用对风生流的影响。Yin 等[96]建立了一个波流耦合模型，模型考虑了波浪的辐射应力、波流共存时的底部应力以及受波浪影响的表层拖曳系数。Lowe 等[99]建立了一个波流耦合数值模型来模拟波的能量分布，以及在波浪破碎、风、潮汐力作用下的卡内夏威夷奥赫内湾内的水体环流。Wang 和 Oey[100]采用 POM 与 WAVEWATCH 模型模拟了卡特里娜飓风引起流场和波浪场。Blaas 等[101]表明淤泥的输运非常依赖于由表面风应力和波浪导致的底部应力的增加引起的垂向混合，波浪是造成底部淤泥悬浮的主导因素。Liang[102]将 COHERENS 与 SWAN 进行了耦合，并在黄河三角洲进行了运用。Liang[103]探讨了表面拖曳系数与波导致的表层混合长度变化的影响。Zhang[104]将 Grant-Madsen 模型加到 POM 模型中来描述波浪相互作用，指出在波浪底边界层处将产生强烈的紊动，由此影响底部的海流。Xia 等[105]将波浪辐射应力推广到三维空间。Choi 等[88]建立了一个涌浪 - 潮 - 波耦合模型，分析了 1983 年 11 月冬季风暴期间发生在黄海上的潮、风暴涌水、风浪之间的作用。它们的模型中的波浪模型采用 WAM 第四代版本，潮流通过二维模型进行计算。Liu 等[106]根据水动力学方程，建立了一个理论模型用于描述在河口地区的波浪与水流的相互作用。Kim 等[107]采用理想的例子检验了潮汐变化对涌水、增水和波浪的影响，并应用于朝鲜海岸。Mellor 等[108]建立了一个表面波浪模型用于与三维海洋模型进行耦合。Brown 和 Wolf[109]通过一个涌浪 - 潮 - 波耦合模型分析了在计算表面阻力时考虑波浪的影响对准确预报风暴涌水的必要性。

在上面的文献中，大多数模型将海洋模型与现有的第三代波浪模型进行耦合，如 WAM[73]、WAVEWATCH[110]和 SWAN[111]，且一些耦合仅仅是单向耦合。对于双向完全耦合，将会面临变量的成倍增加所导致的计算量相对于单海洋模型的计算量剧增。例如，波浪模型与海洋模型采用相同的计算网格，SWAN 波浪模型的耗时是海洋模型 POM（Princeton Ocean Model）的 86 倍[108]。大量增加的计算耗时将阻碍波流耦合模型的应用，所以大部分耦合模型只运行较短的时间且主要研究点为波浪对风暴涌水的影响。因此，有必要建立一个波浪数值模型，它可以与三维海洋模型进行耦合，并具有较高的计算效率，可用于长期的模拟，其中海洋模型向波浪模型提供水位、流速；而波浪模型向海洋模型反馈波高、波周期等波浪要素。

有限差分法具有代码简单、计算效率高的特点，然而它对于准确拟合不规则的岸线条件具有难度（见图 1-1），引入正交或非正交网格变化可以改善边界的拟合情况，但是当遇

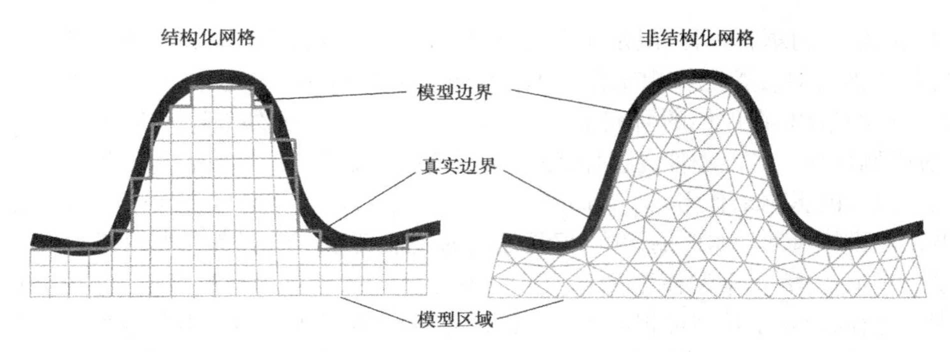

图 1-1　采用结构化网格(左)和非结构化网格(右)拟合岸边界

到复杂的边界,如拥有许多岛屿和不规则的岸线边界时就无能为力了。最近,一种马赛克方法被用于波浪的数值模拟[112],这种方法生成网格相对简单且可集中对选择区域进行研究。但是,它仍然没有采用非结构网格方法那样可以灵活地拟合不规则边界条件。波浪模型中采用非结构网格可以显著地提高计算的准确性和计算效率[113, 114]。尽管已经有有限元网格和非结构有限体积版本的 SWAN 波浪模型[113, 114],但由于 SWAN 模型采用波作用守恒方程,在与三维海洋模型耦合时有局限性,当水流速度是垂向的函数时采用波能守恒方程更好[115]。

1.2.4　溢油模型研究进展

随着海上石油运输业的飞速发展,海上溢油事件频频发生。液体油料泄漏到海面上,迅速扩展为一层薄薄的油膜,在表面波浪及紊动的作用下,连续的油膜破裂形成大量的小油块。表层油块在潮流、风生流、波导流以及水平扩散的作用下进行输移。在表层扰动的作用下,一些表面油块以微滴的形式进入水体内部。一旦进入水体内部,油滴在三个方向上进行输移。垂直方向,油滴受到浮力与紊动扩散的共同影响,如图 1-2 所示。

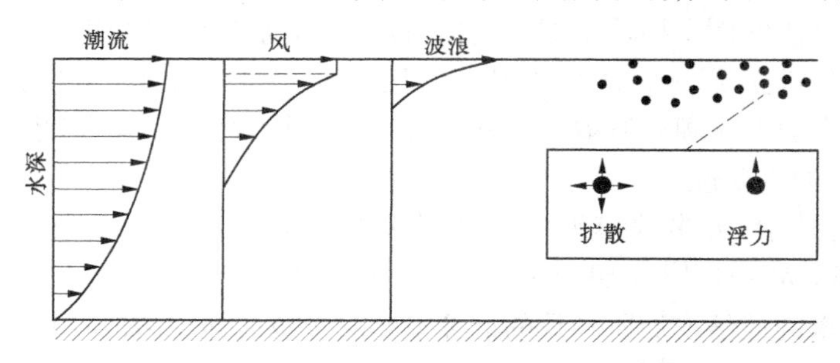

图 1-2　三维模型中油粒子受力示意图[116]

Nazir 等[117]采用逸度模型的方法预测海上溢油的归宿。Chen 等[118]采用蒙特卡罗法模拟油膜的运动,并将建立的模型应用于大亚湾内发生的溢油事故。Xie 等[119]提出一个模拟海洋溢油乳化的概念模型,指出在不同的外部条件下乳化的形态也不尽相同,溢油乳化的稳定性受风化过程影响。Sebastiao 和 Soares[120, 121]建立了一个溢油轨迹模型,它考虑了油粒子运动的不确定性。Vethamony 等[122]采用 MIKE21 中的溢油分析模块模拟了溢油的轨迹。Boufadel 等[123]根据随机走动原理建立了溢油模型,模型中包含了波浪、紊动扩散以及浮力的作用。Periáñez[124]建立了一个三维的溢油耦合模型用于预报海洋中的溢油。Tkalich等[125]建立了多向溢油模型模拟海洋溢油事故，模型中物理过程均采用欧拉方法进行描述。Chao等[126, 127]在新加坡海域建立一个三维溢油模型模拟海上溢油事故。Giarrusso等[128]得出表层波浪导致的漂移流对油膜的运动起着重要影响。Varlamov等[129]指出仅仅在风漂流的作用下溢油轨迹模拟并不是很好，当包含气候态流场的情况下模拟结果得到很大改善。Lonin[130]采用Langeven方程描述溢油在垂向的运动并与理论结果进行对比。Nakata等[131]应用溢油模型模拟了在日本海发生纳霍德卡油轮溢油事故，他们指出风是影响模拟溢油分布形态的主导因素。Proctor等[132]采用三维溢油模型模拟了溢油的运动过程。Spaulding等[133]指出改进溢油模型的模拟结果需要更高精度的风场资料，更好地描述在溢油地点附近的水动力循环，对石油进入水体、风化以及油膜的扩散等理论需要更好地刻画。Al-Rabeh[134]等建立了一个用于模拟溢油输移和扩散的随机模型。Hung等[135]建立了一个可以模拟瞬时和连续溢油的模型。Periáñez[136]建立了一个模拟溢油扩散的模型，并在直布罗陀海峡进行应用。Ors[137-139]建立的溢油模型中水动力采用有限元模型计算，油粒子的运动采用拉格朗日方法来模拟。Di Martino和Peybernes[140]模拟了表层油膜的运动，模型中采用任意欧拉拉格朗日方法进行离散。Caballero等[141]通过模拟"荣誉"号油轮溢油事故总结出非常有必要改进海洋模型的模拟精度。Gonzalez等[142]采用ROMS模型中的粒子追踪模块模拟了"威望"号油轮的溢油事故。Li等[143]将GIS与溢油模型进行结合，并通过试验给出地形和边界对水动力结果的影响。Reed等[144]对近年来溢油模型的发展进行了总结。

过去30年，建立了一系列数学模型用于模拟海上溢油事故。其中，粒子追踪方法尤其适用于溢油这种大浓度梯度的模拟[145]，许多学者采用这种方法研究溢油的漂移[126, 127, 130, 136, 145-148]。然而，其中很多只关注表层油膜的运动轨迹，并且大部分模型的水动力参数由有限差分模型提供。在边界条件比较规则的情况下，这种方法是可以接受的。但是，当遇到具有复杂地形及岸线的区域，如渤海海峡地区——拥有众多的岛屿以及复杂的潮沟。此时，相对于结构网格而言，采用非结构网格能更准确地模拟水动力场[149]。另外，波浪对溢油的输运与归宿有很大的影响。波导净输移使得油粒子在表面进行移动，波浪破碎导致油入水，在表层波浪作用下溢油发生乳化，而且表层油膜厚度也与海面波况相关。因此，准确模拟海面波浪是溢油模拟的前提条件。综上所述，十分有必要建立一个溢油模拟系统，即使在复杂的地形条件下也能提供精确模拟，为发生溢油突发事故时处理事故提供科学支持。

1.2.5 水质模型及水体输运时间尺度研究进展

为了帮助工程师和科学家评估潜在的污染对水体的环境和生态的影响，近年来涌现出一些数值模型或计算软件用于预报水体的水质变化趋势。Ikeda和Adachi[150]通过模拟日本最大湖泊——琵琶湖的氮、磷循环来研究水体的富营养化现象，还探讨了未来怎样制定水库的生态系统保护策略。Gunduz等[151]采用二维的水动力、水质模型CE-QUAL-W2来模拟照明水库的水质变化，为当局制定适当的水库管理策略提供依据。Wang等[152]采用水质模型WASP研究了外部营养盐的排放与美国坦帕湾的水质关系。

Straskraba[153]采用水动力生态模型探讨了怎样降低韩国光阳湾的水质污染，以达到水质标准。Jayaweera 和 Asaeda[154]根据数学模型描述了可能对水库中叶绿素含量造成影响的一些环境因素。Drolc 和 Koncan[155]采用水质模型 QUAL2E 研究了位于斯洛文尼亚卢布尔雅那附近的萨瓦河的水质，并进行了敏感度分析，研究了水质参数对溶解氧含量敏感度。Hamilton 和 Schladow[156]建立了一维水质、水动力学模型 DYRESM；Schladow 和 Hamilton[157]将 DYRESM 水质模型应用于水库和湖泊，并进行了敏感度分析。Gal 等[158]通过修改 DYRESM 模型，在保留基本的物理过程的基础上对模型进行简化，使得模型更强壮、运行速度更快，并将模型应用于以色列的基内雷特湖。Rajar 和 Cetina[159]建立了一个三维水动力水质模型 LMT3D，并对建立的模型进行了一系列应用。Priyantha 等[160]为了减轻水库的污染在水库中布置两道垂直放置的幕墙，通过数值模型研究了该措施对于阻挡上游河流带入的营养盐向水库下游移动的效果。Tufford 和 McKellar[161]采用 WASP 水质模型研究了马里昂湖的水质情况。Kellershohn 和 Tsanis[162]基于 WASP 建立了三维水质模型并用于哈密尔顿港的水质模拟。Hernandez 等[163]对应用 WASP 中 EUTRO 模块模拟水库中的水质的效果进行了描述。Wool 等[164]采用 EFDC 计算水动力与 WASP 水质模型进行耦合，研究了纽斯河口的水质。Jia 和 Cheng[165]为了协助国内密云水库的水质管理，根据水质模型 WASP 的模拟结果得出，网箱养鱼被取缔后将改进水库的水质，水库藻类大量繁殖发生在水位较低且污染负荷没有减少的情况下。Hu 等[166]采用模型进行了一系列的数值试验来描述采用水葫芦来改善太湖的水质。Omlin 等[167]建立了一个湖泊三维水动力水质模型，并进行一些不确定分析。Karim 等[168]通过数学模型研究了日本博多湾水体的贫氧现象，分析了外部环境条件对水生态的影响，结果表明由于外部气象条件和河流排放引起湾内水体分层，进而影响表层氧气向底部输运。Kuo 等[169]采用二维横向平均水质模型研究了台湾翡翠水库的水质，通过模型分析为减轻水库的污染提供治理依据。Imteaz 等[170]为了说明水库水质受河流带入的营养盐增加影响，模型分别针对不同的流量条件进行了几种模型试验，并阐述了入流的营养盐含量、入流流量以及入流水温对水质的影响。文献[171-173]讨论了河流水质模型的现状、存在问题以及展望。

认识到污染对水体环境和生态的影响，近年来越来越多的研究致力于建立一个能够预测水库、河口及近海水体输运时间的数值模型。例如，Deleersnijder 和 Delhez[174]描述了一系列用于计算水体输运时间尺度的方法。Delhez 等[175]首先提出了用欧拉方法描述水龄的分布。Huang 等[176]采用三维水动力模型研究了佛罗里达受潮汐影响的利特马纳提河的水体水龄，Huang 和 Spaulding[177]研究了淡水排放对阿巴拉契科拉湾的水体滞留时间的影响。Shen 和 Haas [178]采用三维模型计算了约克河的水体水龄和滞留时间；Shen 和 Wang[179]采用三维数值模型研究了切萨皮克湾的水体水龄及水体的输移时间。Ribbe 等[180]研究了澳大利亚的赫维湾水体的置换时间对水体环境的影响。Orfila 等[181]通过研究水体中剩余的示踪粒子评估了位于西地中海的卡布雷拉国家公园中的一个水弯的滞留时间。Rueda 等[182]表明平均滞留时间在空间上不仅存在季节变化，也可以在短期内发生变化，它与水库中的水体混合和输运过程密切相关。Wang 等[183]定义水体的滞留时间为水质点流出水体的时间，通过二维横向平均模型 HEM－2D 计算了台北市淡水河的水体的滞留时间。Ulses 等[184]通过建立一个高分辨率的三维数值模型来研究在风驱动下西地中海的福斯海湾的滞留时间。Jouon 等[185]采用数值模型计算了一系列输运时间尺度,如水交换时间、流出时间等,通过这些时间尺度分析新喀里多尼亚西南部潟湖的水体混合过程。Arega 等[186]采用数值模型计算了位于南卡罗来纳州的东斯科特河河口的平均滞留时间,研究结果表明滞留时间受潮位大小的影响。Ribbe 等[187]采用 COHERENS 模型计算了澳大利亚赫维湾的水体置换时间,研究结果表明 85% 的湾内水体在 50 ~ 80 d 内完成置换,东部和西部的浅水地区交换时间较中部区域所需要时间短。Meyers 和 Luther[188]通过跟踪浮标的拉格朗日运动研究了坦帕湾的水体的滞留时间,表明在真实的边界条件下水平空间上的水体滞留时间差异较大。Cucco 等[189]分别采用示踪物质和拉格朗日两种方法描述威尼斯潟湖的滞留时间,并比较了这两个方法的不同。Arega 和 Badr[190]采用欧拉和拉格朗日方法研究了位于南卡罗来纳州的东斯科特河口的水体的水龄和滞留时间。Huang 等[191]采用三维数值模型研究了位于佛罗里达的利特马纳提河的水龄分布。Shen 和 Lin[192]通过研究表明重力流是引起垂向水龄分布的主导因素。Shen 和 Wang[193]研究了国切萨皮克湾在 1995 年低流量和 1996 年高流量情况下的水龄分布,并分析了河流、密度流及风生流对水龄分布的影响。Shen 和 Haas[194]采用水体水龄来描述水中可溶物质的输运时间,文中将三维数值模型应用于美国切萨皮克湾约克河河口,通过在上游释放示踪物质研究了不同水力条件下水龄的分布。Gong 等[195]采用三维模型研究了风对美国切萨皮克湾的拉帕汉诺克河口处水体水龄的影响,结果表明风对水龄的影响取决于风和水体的上浮力。Wang 等[196]采用三维水动力学模型研究了长江口和邻近海域的输移时间尺度和人类活动对河口循环的影响。结果表明长江流量是控制河口的水体输运时间的主导因素,人工建筑物可影响河口处的水动力过程,并最终影响水体的输运时间。Doos 和 Engqvist[197]采用两种方法估计波罗的海附近区域水体的交换时间,一种为采用粒子轨迹追踪,一种为采用被动示踪物。并比较了两种方法的优缺点,指出采用粒子法能够提供一个更详细的输运时间尺度。在复杂地形的区域采用结构化网格并不能很好地适应边界条件,Warner 等[198]采用 ROMS 模型,提出了一种网格间相互连接的方法,它允许有多个网格进行连接形成一个复合网格。并在该模型基础上进行了水体滞留时间的计算。Gourgue 等[199]根据水体水龄和滞留时间提出了一种在半封闭海湾内计算水体交换时间的方法。

由于水库具有多种功能,如水力发电、灌溉及提供生活用水等,水库的污染情况越来越受到政府和公众的注意。水库的水质情况与水体的输运时间有关联,了解水体的输运时间对知道排入水库中的污染物何时排出水库具有重要意义。例如,Liu 等[200]指出台湾地区的淡水河河口处的较低的浮游植物数量与该区域的水体滞留时间较短有关系;Bricelj 和 Lonsdale[201]采用水体的滞留时间来解释有害赤潮的发生。

1.3 本书的研究工作

本书建立了一个非结构波浪模型,进而修改三维非结构海洋数值模型与波浪模型进行双向耦合。在建立的模型基础上,对近海和水库中的水动力、水环境进行了研究。主要内容包括以下几个方面:

(1)开发了一个表面波浪模型,它具有比较高的计算效率且可与现有的非结构海洋模型进行有效地耦合,如三维非结构有限体积数值模型 FVCOM[18],被广泛地应用于众多水体如河口、湖泊、海湾等[202-209]。我们在 Mellor[210, 211]的研究基础上,建立了一个并行、非结构网格风浪模型,主程序可以很方便地被海洋模型调运,且具有较高的计算效率。

(2)通过修改非结构有限体积数值模型 FVCOM 与建立的非结构波浪模型进行双向耦合,建立一个可以考虑波浪效应的三维耦合数值模型,且能够很好地适用于地形比较复杂的区域。

(3)应用三维非结构有限体积海洋模型研究了渤海海域的冬、夏季环流结构。模型全面考虑了风、热通量、海洋潮汐和近岸河流淡水排放对渤海冬夏季环流的影响,通过模拟值与实测资料对比对模型进行验证,通过这些模拟增进对海洋中的近似保守质(如营养盐、初级生产力)输运过程的理解。

(4)基于粒子追踪方法建立了一个三维溢油输移、归宿模型,用以模拟溢油的对流、扩展、紊动扩散、挥发、乳化及溶解等过程。在水平方向上采用随机走动方法模拟紊动扩散,垂向扩散通过 Langeven 方程进行求解。为了更精确地提供水动力条件,系统耦合了三维非结构有限体积波流耦合数值模型。最后,采用建立的模型对渤海海峡发生的溢油事故进行了模拟。

(5)为了对水库的管理提供科学支持,应用三维高精度水动力、水质模型研究了大伙房水库的水质、滞留时间和水龄分布,它可以增进我们对水库中物质的输运过程及它们在时间、空间上变化过程的认识。

2 非结构波浪数值模型建立及验证

在本章研究中我们首先在 Mellor[115, 210, 211]的研究结果基础上建立了一个并行的非结构波浪模型，由于 SWAN 模型采用的控制方程为波作用守恒方程，它在与三维海洋模型耦合时有局限性，当水流速度是垂向的函数时采用波能守恒方程更好[115]，这里波浪要素由波能守恒方程求解。建立的波浪模型可以很方便地被海洋模型调用，且具有较高的计算效率。

2.1 非结构波浪数值模型描述

2.1.1 线性方程及定义

由波浪线性理论知

$$\omega = \sigma + k_\alpha u_{A\alpha}, \sigma^2 = gk\tanh kD, c = \sigma/k \tag{2-1}$$

$$c_g = \frac{\partial\sigma}{\partial k} = cn, n = \frac{1}{2} + \frac{kD}{\sinh 2kD}, c_{g\alpha} = \frac{k_\alpha}{k}c_g \tag{2-2}$$

式中：ω 为波浪频率；$k_\alpha = k(\cos\theta, \sin\theta)$ 为波数且 $k = |k_\alpha|$；θ 为波浪相对于正东方向的传播方向；σ 为波浪的固有频率；$u_{A\alpha}$ 为多普勒速度，将在下文中进行介绍；c 为波浪相速度；g 为重力加速度；$D = h + \hat{\eta}$ 为水体水深，其中 $\hat{\eta}$ 为相平均的水面，h 为静水面至水底的深度；c_g 为波浪群速度。

根据 Mei[212]描述的折射速度$\dfrac{d\theta}{dt} = c_\theta = -\dfrac{1}{k}\left(\dfrac{\partial\sigma}{\partial D}\dfrac{\partial D}{\partial m} + \vec{k}\cdot\dfrac{\partial\vec{u}}{\partial m}\right)$，其中 m 为与波浪传播角度 θ 垂直的空间坐标，通过向量计算得到

$$c_\theta = \frac{g}{2c\cosh^2 kD}\left[\sin\theta\frac{\partial D}{\partial x} - \cos\theta\frac{\partial D}{\partial y}\right] + \frac{k_\alpha}{k}\left[\sin\theta\frac{\partial u_{A\alpha}}{\partial x} - \cos\theta\frac{\partial u_{A\alpha}}{\partial y}\right] \tag{2-3}$$

定义如下 4 个垂向函数

$$\left.\begin{aligned} F_{SS} &= \frac{\sinh kD(1+\zeta)}{\sinh kD}, F_{CS} = \frac{\cosh kD(1+\zeta)}{\sinh kD} \\ F_{SC} &= \frac{\sinh kD(1+\zeta)}{\cosh kD}, F_{CC} = \frac{\cosh kD(1+\zeta)}{\cosh kD} \end{aligned}\right\} \tag{2-4}$$

其中，sigma 变量为 $\zeta = (z - \hat{\eta})/D$（保留 σ 为波浪频率）。多普勒速度定义如下[210]：

$$u_{A\alpha} = kD\int_{-1}^{0} U_\alpha[(F_{CS}F_{CC} + F_{SS}F_{SC})/2 + F_{CS}F_{SS}]d\zeta \tag{2-5}$$

其中，$U_\alpha = U_\alpha(x, y, \zeta, t)$ 为流速叠加上斯托克斯漂流速度。波浪辐射应力定义如下：

$$S_{\alpha\beta} = kE\left(\frac{k_\alpha k_\beta}{k^2}F_{CS}F_{CC} - \delta_{\alpha\beta}F_{SC}F_{SS}\right) + \delta_{\alpha\beta}E_D \tag{2-6}$$

$$E_D = 0 \text{ if } \zeta \neq 0 \text{ and } \int_{-1}^{0} E_D D \mathrm{d}\zeta = E/2$$

详细的推导过程参见文献[210, 211]。

2.1.2 波能方程及波浪谱

通过对谱方程在频率上进行积分，得到

$$\frac{\partial E_\theta}{\partial t} + \frac{\partial}{\partial x_\alpha}[(\bar{c}_{g\alpha} + \bar{u}_{A\alpha})E_\theta] + \frac{\partial}{\partial \theta}[\bar{c}_\theta E_\theta] + \int_{-1}^{0}\bar{S}_{\alpha\beta}\frac{\partial U_\alpha}{\partial x_\beta}D\mathrm{d}\zeta = S_{\theta\mathrm{in}} - S_{\theta\mathrm{Sdis}} - S_{\theta\mathrm{Bdis}} \tag{2-7}$$

水平坐标用 $x_\alpha = (x, y)$ 表示。变量上的上划线代表谱平均。方程(2-7)的前两项决定波能在时间和空间上的传递，第三项代表折射项。左边的最后一项包含辐射应力的影响，可显式表示为

$$\int_{-1}^{0}\bar{S}_{\alpha\beta}\frac{\partial U_\alpha}{\partial x_\beta}D\mathrm{d}\zeta = E_\theta D\Big[\cos^2\theta\int_{-1}^{0}\frac{\partial U}{\partial x}F_1\mathrm{d}\zeta - \int_{-1}^{0}\frac{\partial U}{\partial x}F_2\mathrm{d}\zeta + \cos\theta\sin\theta\int_{-1}^{0}\left(\frac{\partial U}{\partial y} + \frac{\partial V}{\partial x}\right)F_1\mathrm{d}\zeta + \sin^2\theta\int_{-1}^{0}\frac{\partial V}{\partial y}F_1\mathrm{d}\zeta - \int_{-1}^{0}\frac{\partial V}{\partial y}F_2\mathrm{d}\zeta\Big] \tag{2-8}$$

其中，$F_1 = E_T^{-1}\int_0^\infty E_\sigma(k/k_p)F_{CS}F_{CC}\mathrm{d}\sigma$，$F_2 = E_T^{-1}\int_0^\infty E_\sigma(k/k_p)F_{SC}F_{SS}\mathrm{d}\sigma$，$k_p$ 为谱峰对应的波数；$E_\theta = \int_0^\infty E_{\sigma,\theta}(x, y, t, \sigma, \theta)\mathrm{d}\sigma$ 为 θ 方向上的波能，θ 为相对于正东向的传播角度 $E_\sigma = \int_{-\pi}^{\pi}E_{\sigma,\theta}\mathrm{d}\theta$，$E_T = \int_{-\pi}^{\pi}E_\theta\mathrm{d}\theta$；$S_{\theta\mathrm{in}}$ 为波能的源项，$S_{\theta\mathrm{Sdis}}$ 和 $S_{\theta\mathrm{Bdis}}$ 为表层和底层的波能耗散项；$\bar{c}_{g\alpha}$、$\bar{c}_\theta$、$\bar{u}_{A\alpha}$、$\bar{S}_{\alpha\beta}$、$\bar{S}_{p\alpha}$ 为经过谱平均后的值。方程(2-7) 中的所有项均为 θ 的函数。

由风驱动的波浪能量谱为[213]

$$E_{\sigma\theta} = \Phi(\sigma, U_c/c_p)\frac{\beta}{2}\mathrm{sech}^2[\beta(\theta - \bar{\theta})] \tag{2-9}$$

$$E_{\theta\max} = \int_0^\infty \Phi(\sigma, U_c/c_p)\frac{\beta}{2}\mathrm{d}\sigma \tag{2-10}$$

这里采用的谱为 JONSWAP 谱，它是由中等风况和有限风距情况测得的，此谱与实测结果是符合的，而且适用于不同成长阶段的风浪，因此得到了广泛应用。其中 Φ 为 JONSWAP 谱，由 5 个自由变量 σ_p、α、γ、σ_a、σ_b 进行描述。

$$\Phi(\sigma, U_c/c_p) = \alpha g^3\sigma^{-4}\sigma_p^{-1}\exp\left[-\left(\frac{\sigma}{\sigma_p}\right)^{-4}\right]\gamma^{\exp\left[-\frac{(\sigma-\sigma_p)^2}{2\sigma_{pw}^2\sigma_\beta^2}\right]} \tag{2-11}$$

式中：σ_p 为当 $E_{\sigma\theta}$ 取最大值时的波浪频率；$\bar{\theta}$ 为平均波浪传播角度，具体计算参见式(2-39)。式(2-11) 中的变量与波龄(c_p/U_{10})有关，定义如下：

$$\alpha = 0.006[U_c/c_p]^{0.55}, \gamma = 1.7 + 6.0\lg[U_{10}/c_p], \sigma_{pw} = 0.08[1 + 4(U_c/c_p)^{-3}]$$

$$\beta = \begin{cases} 2.44(\sigma/0.95\sigma_p)^{+1.3} & 0.56 < \sigma/\sigma_p < 0.95 \\ 2.44(\sigma/0.95\sigma_p)^{-1.3} & 0.95 < \sigma/\sigma_p < 1.6 \\ 1.24 & \text{其他} \end{cases}$$

其中 $U_c = U_{10}\cos(\theta_w - \bar{\theta})$，$U_{10}$ 为 10 m 高风速，θ_w 为风向，c_p 为谱峰对应的相速度。文献[213]的观测值表明 $\bar{\theta}$ 与 θ_w 会不一致，但是忽略 $\bar{\theta}$ 与 θ_w 之间的异同只会导致结果的微弱差异，故 U_c 在模型中等于 U_{10}。通过积分式(2-9)可得到谱平均值。

谱平均后的群速度是频率的函数，表达如下：

$$\frac{\partial\bar{\sigma}}{\partial t} + (\bar{c}_{g\alpha} + \bar{u}_{A\alpha})\frac{\partial\bar{\sigma}}{\partial x_\alpha} = -\frac{\partial\bar{\sigma}}{\partial k}\left(\frac{k_\alpha k_\beta}{k^2}\frac{\partial\bar{u}_{A\alpha}}{\partial x_\beta}\right) + \frac{\partial\bar{\sigma}}{\partial D}\left(\frac{\partial D}{\partial t} + \bar{u}_{A\alpha}\frac{\partial D}{\partial x_\alpha}\right) + \Re \tag{2-12}$$

其中 $\partial\bar{\sigma}/\partial k = \bar{c}_g$，$\partial\bar{\sigma}/\partial D = (\bar{\sigma}/D)(n - 1/2)$。式(2-12)由关系式 $\partial k_\alpha/\partial x_\beta - \partial k_\beta/\partial x_\alpha = 0$ 和 $\partial k_\alpha/\partial t + \partial\omega/\partial x_\alpha = 0$ 得到，式中的源项表达如下：

$$\Re = \sigma_p(\sigma_p - \sigma_\theta)f_{spr}^{1/2} \tag{2-13}$$

在计算中具有将 σ_θ 向 σ_p 逼近的作用。

为了得到风驱动下的谱峰频率，通过积分式(2-10)得到 $\sigma_p^4 E_{\theta\max}/g^3$ 为 U_{10}/c_p 的函数，其中 U_{10}/c_p 在深水时等于 $\sigma_p U_{10}/g$，由后一项计算得到的结果与前一项相比对水深的依赖较小[214]。由于式(2-9)中 $\beta\mathrm{sech}^2[\beta(\theta - \bar{\theta})]/2$ 在方向上的积分等于 1，且式(2-10)中 $\beta/2$ 的平均值接近于 1，这使得 E_T 值与 $E_{\theta\max}$ 接近一致。通过分析圣克莱尔湖的数据，Donelan 等[215]总结出 $E_T g/U_{10}^4 = 0.002\,2\,(U_{10}\sigma_p/g)^{-3.3}$，该公式结果与 Hwang 和 Wang[2] 得到的图形吻合良好，在他们的研究中包含了有限风区和有限风时的数据。模型采用如下关系式

$$\frac{E_{\theta\max}g}{U_{10}^4} = 0.002\,2\,(U_{10}\sigma_p/g)^{-3.3} \tag{2-14}$$

对于风驱动的 E_θ，σ_p 为 $E_{\theta\max}$ 和 U_{10} 的函数，可由式(2-14)求解；对于由微风或无风驱动下 E_θ 的成分，频率由式(2-12)求解。

2.1.3 方程源项及波流耗散项

表面波的成长与衰减是波浪组成成分之间线性和非线性能量传递的结果。参照 Donelan[216]的方法，$S_{\theta in}$ 可表达如下：

$$S_{\theta in} = \int_0^\infty 0.28\frac{\rho_\alpha}{\rho_w}\left|U(\lambda/2)\cos(\theta - \theta_w)/c - 1\right|\left(U(\lambda/2)\cos(\theta - \theta_w)/c - 1\right)\sigma E_{\sigma\theta}\mathrm{d}\sigma \tag{2-15}$$

$E_{\sigma\theta}$ 由式(2-9)求得，其中 $U(\lambda/2)$ 为半个波长高度处的风速度，根据壁面法则可通过U_{10} 求解：

$$\frac{U(\lambda/2)}{U_{10}} = \frac{\ln(\lambda/2z_0)}{\ln(10m/z_0)},z_0 = 1.38\times 10^{-4}H_s\left(\frac{\sigma_p U_{10}}{g}\right)^{2.66} \tag{2-16}$$

其中，$\lambda = 2\pi g\sigma^{-2}\tanh kD$，$H_s = 4\,(E_T/g)^{1/2}$ 为有效波高。大气一侧的摩擦速度平方表达如下：

$$u_{*\alpha}^2 = C_D\,|\,\delta U\,|^2,C_D = \left(\frac{\kappa}{\ln(10m/z_0)}\right)^2 \tag{2-17}$$

其中，$\delta U = (U_{10x} - U(0), U_{10y} - V(0))$ 为 10 m 高处风速与表层水流速度之差。空气一侧和水一侧的摩擦速度分别为 $u_{*\alpha}$ 和 u_{*w}，故有 $\rho_w u_{*w}^2 = \rho_\alpha u_{*\alpha}^2$；$\rho_w/\rho = 860$ 为水和空气的密

度之比，z_0 通过式(2-16) 求解。通过积分式(2-15) 可得到分布函数$f_{spr} = S_{\theta in}/S_{Tin}$，其中 $S_{Tin} = \int_{-\pi/2}^{\pi/2} S_{\theta\,in} d\theta$。

$$f_{spr} = \begin{cases} \frac{\beta}{2}\text{sech}^2[\beta(\theta - \theta_w)] & |\theta - \theta_w| \leq \pi/2 \\ 0 & |\theta - \theta_w| > \pi/2 \end{cases} \tag{2-18}$$

当$\beta = 2.2$时分布函数与式(2-9) 相仿，在式(2-18) 中，当$|\theta - \theta_w| = \pi/2$时$f_{spr}$为一个小量，所以当$|\theta - \theta_w| > \pi/2$时将$f_{spr}$设为0可在风区较小的情况下增进模型计算效率。

S_{Tin}可通过多种途径进行参数化，如通过$\sigma_p E_T$或通过c_p和u_{*w}的组合。此处采用的公式与 Terray 等[217] 采用的形式相似，不同之处在于他们使用了观测的波浪谱而不是由式(2-11) 给定的波浪谱。注意到大多数波能都通过紊动耗散掉，Craig 和 Banner[218] 得到经验公式$S_{Tin}/u^3_{*w} = 100$，Stacey[219] 则在他们的研究中采用$S_{Tin}/u^3_{*w} = 150$来描述边界层模型中由波浪破碎注入到表层的紊动能量，书中采用下式进行描述

$$S_{\theta in}/u^3_{*w} = 370\exp(-0.33U_{10}\sigma_p/g)f_{spr} \tag{2-19}$$

注意到充分成长的波浪通常有$U_{10}/c_p = \sigma_p U_{10}/g \approx 0.83$。如前面的假定，由式(2-12) 计算的频率可由式(2-14) 计算的σ_p替代，前提条件是$f_{spr}(\theta) > 0.1$，即θ方向只受风驱动影响。

总的波能耗散项通过经验公式确定，白帽和波浪破碎由下式确定

$$S_{\theta Sdis} = aS_{\theta in} + bE_\theta\sigma_p \tag{2-20}$$

其中，系数a和b参考风区长度确定。第一项代表谱的高频部分的耗散，第二项是谱的中频到低频段的耗散。最终波浪的生长由$(1-a)S_{\theta in} - bE_\theta\sigma_p$进行控制，$b$是$a$的函数，在波浪充分成长的条件下($\sigma_p U_{10}/g = 0.83$) 可由方程$S_{\theta Sdis} = S_{\theta in}$得到。这样一来计算结果将仅依赖于参数$a$。

有多种方法来计算紊动流体的底部耗散，这里采用 Booij 等[111]采用的方法，模型中的底部耗散采用下式计算

$$S^{(1)}_{\theta Bdis} = Cu^3_b = C\frac{\sigma^3_p(2E_\theta/g)^{3/2}}{\sinh^3 k_p D} \tag{2-21}$$

式中：u_b为近底处的波幅；C为无量纲的底部摩阻系数，书中采用$C = 0.003$。

当H_S/D比较大时，地形的变化可以导致波浪破碎。采用 Battjes 和 Janssenis[220] 的方法，在式(2-21)的基础上引入波浪破碎项，如下式所示

$$S^{(2)}_{\theta Bdis} = \frac{E_\theta}{E_T}\frac{g\bar{\sigma}}{8\pi}Q_b H^2_M \tag{2-22}$$

其中，Q_b由公式$(Q_b - 1)\ln Q_b = 8(E_T/g)/H^2_M$得到，式中$H_M = (0.88/k_p)\cdot\tanh(\gamma k_p D/0.88)$，$\gamma$为经验调整系数，最终得到总的耗散为

$$S_{\theta Bdis} = S^{(1)}_{\theta Bdis} + S^{(2)}_{\theta Bdis} \tag{2-23}$$

2.2　非结构波浪数值模型求解

2.2.1　非结构网格设计

空间和传播角度上的离散网格见图 2-1。与有限元法类似，平面计算网格划分成无叠加的三角形网格。设 N 为整个计算域内的网格数，则网格单元的中心坐标可表示为

$$[X(i),Y(i)],\qquad i=1:N;\tag{2-24}$$

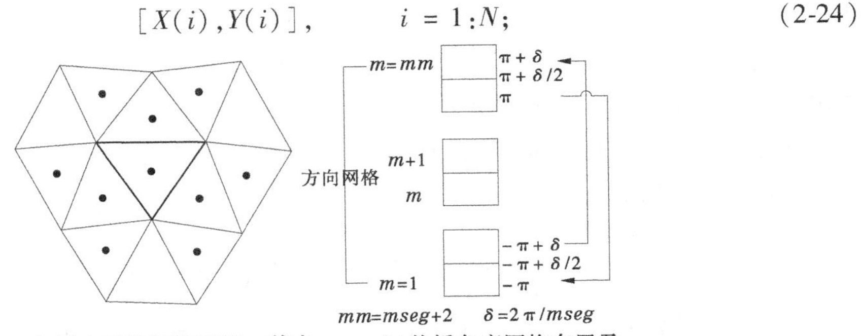

(a)空间上的非结构网格、其中变量布置在单元中心点(用·表示)　　(b)传播角度网格布置及循环边界条件

图 2-1　空间和传播角度上的离散网格

三角形单元中共用一条边的单元采用 $NBE_i(j)$ 来表示，其中 j 为顺时针方向从 1 到 3，在开边界和岸线边界处 $NBE_i(j)$ 设为零。

模型中所有的变量均布置在单元中心，通过对三角形三条边进行积分求解。角度变化范围为 $-\pi \sim \pi$，在边界处设置循环边界条件。

2.2.2　离散方法

参考 Szymkiewic[221] 的方法、方程(2-7)可分裂成下面三个方程：

$$\frac{\partial E_\theta}{\partial t}+\frac{\partial}{\partial x_\alpha}[(\bar{c}_{g\alpha}+\bar{u}_{A\alpha})E_\theta]=0\tag{2-25}$$

$$\frac{\partial E_\theta}{\partial t}+\frac{\partial}{\partial \theta}(\bar{c}_\theta E_\theta)=D\tag{2-26}$$

$$\frac{\partial E_\theta}{\partial t}=S_{\theta\mathrm{in}}-S_{\theta\mathrm{Sdis}}-S_{\theta\mathrm{Bdis}}-\int_{-1}^{0}S_{\alpha\beta}\frac{\partial U_\alpha}{\partial x_\beta}D\mathrm{d}\zeta\tag{2-27}$$

通过对式(2-25)在计算单元上进行时间和空间上的积分式得到：

$$\iint\limits_{\Delta t\Delta S}\frac{\partial E_\theta}{\partial t}\mathrm{d}S\mathrm{d}t+\iint\limits_{\Delta t\Delta S}[(\bar{c}_{g\alpha}+\bar{u}_{A\alpha})E_\theta]\mathrm{d}S\mathrm{d}t=0\tag{2-28}$$

对式(2-28)进行如下离散：

$$\frac{\tilde{E}_{\theta,i,m}-E_{\theta,i,m}^{n-1}}{\Delta t}+\frac{1}{\Omega}\int_l-(\bar{c}_{gy}+\bar{u}_{Ay})E_\theta\mathrm{d}x+(\bar{c}_{gx}+\bar{u}_{Ax})E_\theta\mathrm{d}y=0\tag{2-29}$$

$$\int_l -(\bar{c}_{gy}+\bar{u}_{Ay})E_\theta \mathrm{d}x+(\bar{c}_{gx}+\bar{u}_{Ax})E_\theta \mathrm{d}y=\sum_{side=1}^{3}(c_{gx,i,m}\Delta x+c_{gy,i,m}\Delta y)e_{i,m}^{n-1} \quad (2\text{-}30)$$

式中：Δt 为波浪模型的计算时间步长；Ω 为三角形三条边围成的面积；l 为由三条边组成的轨迹；上标 n 代表第 n 个时间步，下标 i 代表第 i 个计算网格单元，下标 m 代表第 m 个角度空间上的单元；$c_{gx,i,m}$，$c_{gy,i,m}$ 为单元边上 $\bar{c}_{g\alpha}+\bar{u}_{A\alpha}$ 在 x，y 方向上的分量；$e_{i,m}^{n-1}$ 为单元边上 m 方向上的 E_θ 值；$c_{gx,i,m}$，$c_{gy,i,m}$，$e_{i,m}^{n-1}$ 通过下面的形式计算：

$$\varphi=\varphi_0+\mathrm{coef}_1 x'+\mathrm{coef}_2 y' \quad (2\text{-}31)$$

式中：x'、y' 为局部直角坐标系下从单元中心点到坐标原点的值；φ_0 为单元中心点处的值；coef_1，coef_2 为通过图 2-1 所示的 4 个计算网格（一个计算网格加上边上的三个网格）采用最小二乘法求解[222]，并对共用一条边的两个相邻控制体积进行平均。

计算通量采用二阶迎风格式求解[223]。

方程(2-26)离散如下：

$$\frac{\hat{E}_{\theta,i,m}-\widetilde{E}_{\theta,i,m}}{\Delta t}+\frac{\bar{c}_{\theta,i,m+1}^{n}E_{\theta,i,m+1}^{n}-\bar{c}_{\theta,i,m}^{n}E_{\theta,i,m}^{n}}{\Delta\theta}=D \quad (2\text{-}32)$$

采用多维正定对流输运方法（MPDATA）进行求解，通过对解进行迭代使得反扩散项 D 能够降低迎风格式导致的耗散。实际操作中进行三次迭代就满足要求，具体计算 D 的方法参见文献[224]。

源项 $S_{\theta\mathrm{in}}-S_{\theta\mathrm{Sdis}}-S_{\theta\mathrm{Bdis}}-\int_{-1}^{0}\bar{S}_{\alpha\beta}\frac{\partial U_\alpha}{\partial x_\beta}D\mathrm{d}\zeta$ 可改写成 $A+BE_{\theta,i,m}^{n}$，故式(2-27)可变为

$$\frac{E_{\theta,i,m}^{n}-\hat{E}_{\theta,i,m}}{\Delta t}=A+BE_{\theta,i,m}^{n} \quad (2\text{-}33)$$

上述方程采用隐式求解。由于 σ 的离散方法与 E_θ 的离散方法相同，这里略去。

2.3　非结构波浪数值模型并行化处理

模型的并行处理采用单程序多数据（SPMD）方法。模型计算区域通过调运并行库 METIS[225] 进行区域分块。这里简要介绍一下 METIS 库，它包含一系列图像分块程序包，采用的算法是基于多级递归二分法、多级的 K－方式及多约束分区方案，计算效率较高并提供高质量的分区和较低填充排序。通过调运库可以得到需要剖分的区域网格信息。METIS 库划分区域遵循如下几条规则：①每个划分区域包含的网格单元数相近；②区域之间的交接线长度保持最短。第一个规则保证了荷载的平衡，第二个规则减少了边界处的数据交换。为了保证划分边界处通量的正确性，每个计算进程间必须进行数据交换，这会降低并行的计算效率。通过上述两个限制条件可使得分区间具有较少的数据交换和平衡的负载。

通过分区，每个进程都会分配一个计算区域。通过数组映射可以建立全局数组与局部数组之间的关系。此外，还建立了一些映射用于边界处的数据交换。通过这些步骤，每个进程就具有了正确的初始条件及边界条件，可用于分区的计算。

在分区的边界处须保持数据交换，交换示意图见图 2-2，计算单元 B 的通量需要单元 A、C、D 的值。单元 A、B、C 属于进程 1，而单元 D 对于单元 1 来说属于未知，为了计算单元 B 的通量就需要进程 2 提供单元 D 的信息，通过每个时间步长后的信息交换，每个进程可保持独立的计算。进程间的交换通过标准的 MPI 进行非阻塞通信。

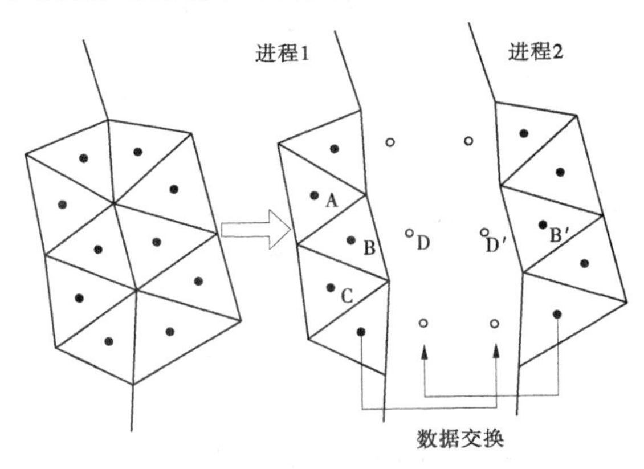

图 2-2 分区边界处的数据交换示意图

最后，在各个分区的计算完毕后需要将分区的数据收集起来组装成全局的数组，只有主进程参与数据的收集与输出，数据的收集采用阻塞通信的方式。

2.4 非结构波浪数值模型验证

2.4.1 波浪折射

模型首先对施奈尔定律进行验证，试验中 $U_\alpha = 0$ 和 $U_{10} = 0$。在 $x = 0$ 处，入射的波浪采用式 $E_\theta = (\beta/2)\operatorname{sech}^2[\beta(\theta - \theta_0)]$ 控制，其中 $\theta_0 = 60°$，$\beta = 4.0$，方程(2-7) 计算到稳定的状态。时间、空间及角度的增量分别为 20 s、500 m 和 $2\pi/36 = 10°$。底部地形见图 2-3(a)。频率为 $\bar{\sigma} = 2\pi/10$ s，根据式(2-12) 知其为恒定值；对应的 $c(x)$ 和 $c_g(x)$ 见图 2-3(b)。在图 2-3(c) 中，总的波能为 $E_T = \sum_{k=1}^{2\pi/\Delta\theta} E_\theta(\theta_k)\Delta\theta$，并与 $x = 0$ 处的波能进行单位化处理。平均传播方向 $\bar{\theta} = \sum_{k=1}^{2\pi/\Delta\theta} \theta E_\theta(\theta_k)\Delta\theta/E$ 见图 2-3(d)。方程(2-7) 的解见图 2-3(e)，角度的变化范围为 $-\pi < \theta < \pi$，图中只给出角度为正的结果。

根据施奈尔定律可知：

$$\theta(x,m) = \sin^{-1}\{c(x)\sin[\theta(0,m)]/c(0)\} \tag{2-34}$$

$$E(x,m) = c_g(0)\cos\theta(0,m)E(0,m)/[c_g(x)\cos\theta(x,m)] \tag{2-35}$$

其中，m 代表从 $x = 0$ 处传出的角度方向。通过在 m 上的平均得到的曲线见图 2-3(c) 和图 2-3(d)，均用虚线表示。模型结果与理论值随着角度划分单元的增多将更加接近。

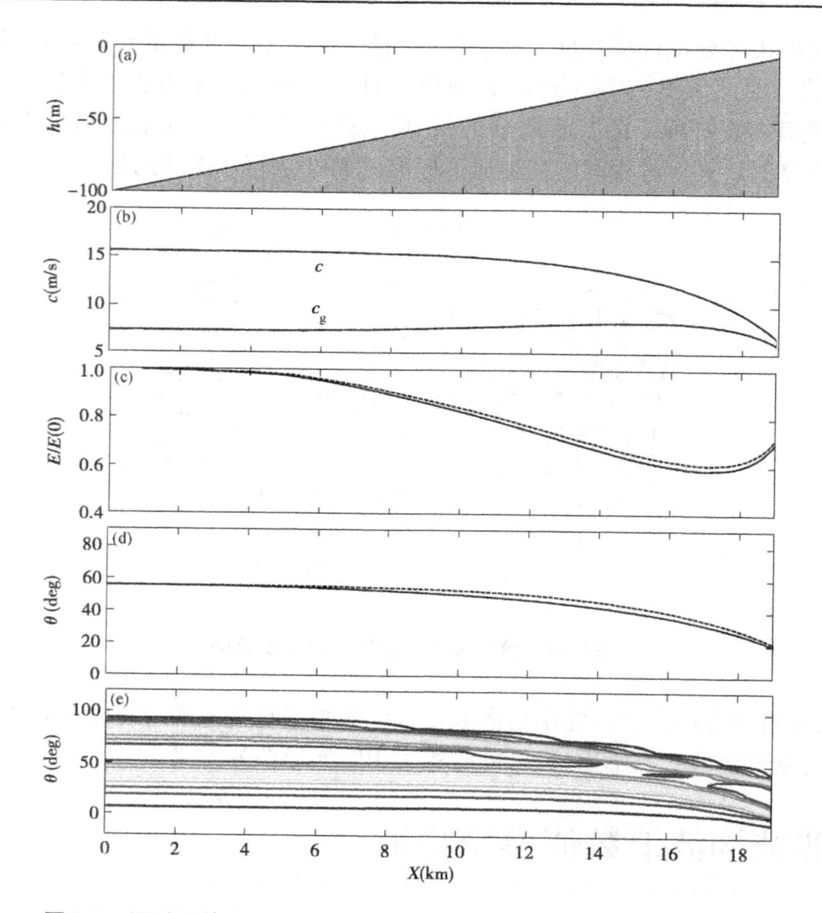

图 2-3　通过计算式(2-7)与施奈尔定律对比,验证了波浪折射。(a) 地形;(b) 相速度与群速度;(c) 模型计算的总波能(实线)和通过式(2-35)计算得到的结果(虚线)对比;(d) 平均波浪传播方向模拟结果与式(2-34)结果对比;(e) 由式(2-7)计算的波能云图在长度与角度上的分布

2.4.2　有限风区波浪成长

模型模拟了在恒定的离岸风作用下的波浪生长过程,岸线为南北方向,岸线处坐标为 $x=0$。对于这个问题,Kitaigorodskii[226]采用无因次分析的方法给出生长关系。Komen[227]在书中提到,Kahma 和 Calkoen[228]通过分析 JONSWAP 试验采用的数据及波的尼亚海和安大略湖的数据,首次对数据在垂向分层稳定和不稳定的情况下进行了分类,我们对由下式表示的数据进行研究:

$$\frac{E_T g}{U_{10}^4} = 5.4 \times 10^{-7} \left(\frac{xg}{U_{10}^2}\right)^{0.94} \tag{2-36}$$

这里 xg/U_{10}^2 为无量纲的风区长度,$E_T g/U_{10}^4$ 为无量纲的单位面积上的波能。式(2-38)在图 2-4 中用虚线表示。Pierson 和 Moskowitz[229] 指出风浪充分发展的上限为 $E_T g/U_{10}^4 =$

3.6×10^{-3}，实线为针对不同风速条件下的模拟结果，用到的拟合参数为 $a=0.925$，$b=0.18\times10^{-4}$，时间步长为 10 s，角度增量为 15°，网格分辨率在近岸处为 100 m，在离岸处网格变大。

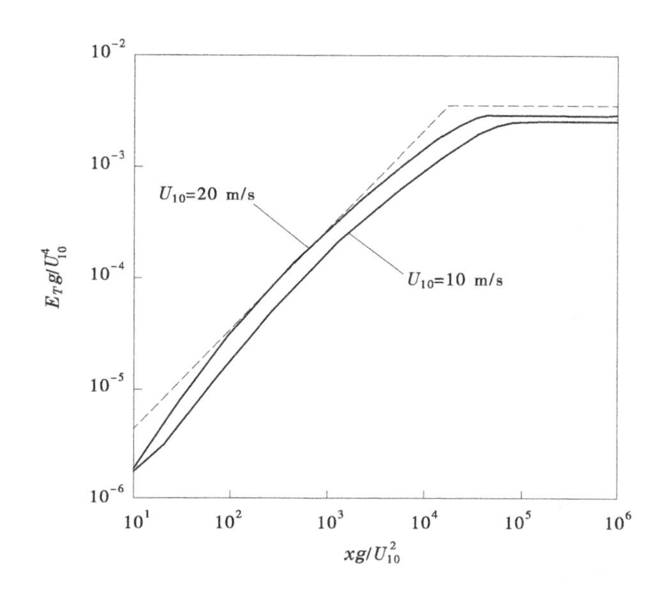

图 2-4　计算的波能与无量纲的风区长度间的关系。在风速为 U_{10} = 10 m/s 和 20 m/s 的情况下（实线）与式（2-36）（虚线）对比，风向垂直于岸线

对于 U_{10} = 10 m，不同风向（相对于正东方向）作用下的结果见图 2-5（a）和图 2-5（b）；对于风向不等于零，由于式（2-18）中的风生长项包含 f_{spr}，故平均波向大于风向时传播的风区较长，也将导致更大的波能；平均波传播角度将在离岸相当一段距离后才与风向重合。平均波浪传播角度如下表示：

$$\bar{\theta} = \tan^{-1}\left(\int_{-\pi}^{\pi} E_\theta \sin\theta \mathrm{d}\theta \Big/ \int_{-\pi}^{\pi} E_\theta \cos\theta \mathrm{d}\theta\right) \tag{2-37}$$

对于较小的风向，如 $\theta_w = \pi/6 = 30°$，能量在风向相近的地方输入较小，这是由于风区较短且流向受波在 $\theta = 90°$ 附近的成分控制。考虑极端情况，风平行于岸线 $\theta_w = \pi/2 = 90°$，在岸线处风只影响 $0<\theta<\pi/2$ 范围内的波，而在无穷远处，风将在 $0<\theta<\pi$ 范围作用。因而在岸线处的风向较远处的要大，波能要小。从远处向近岸处传播的波能在未靠岸时就将耗散掉。

2.4.3　流对波浪的影响

下面的例子模拟了波浪在流影响下发生的折射现象，假想一个类似于墨西哥湾流的水流，流速表示如下：

$$V = 2\exp\left[-\left(\frac{x-L/2}{50\,000}\right)^2\right]\exp\left(\frac{z}{1\,000}\right) \tag{2-38}$$

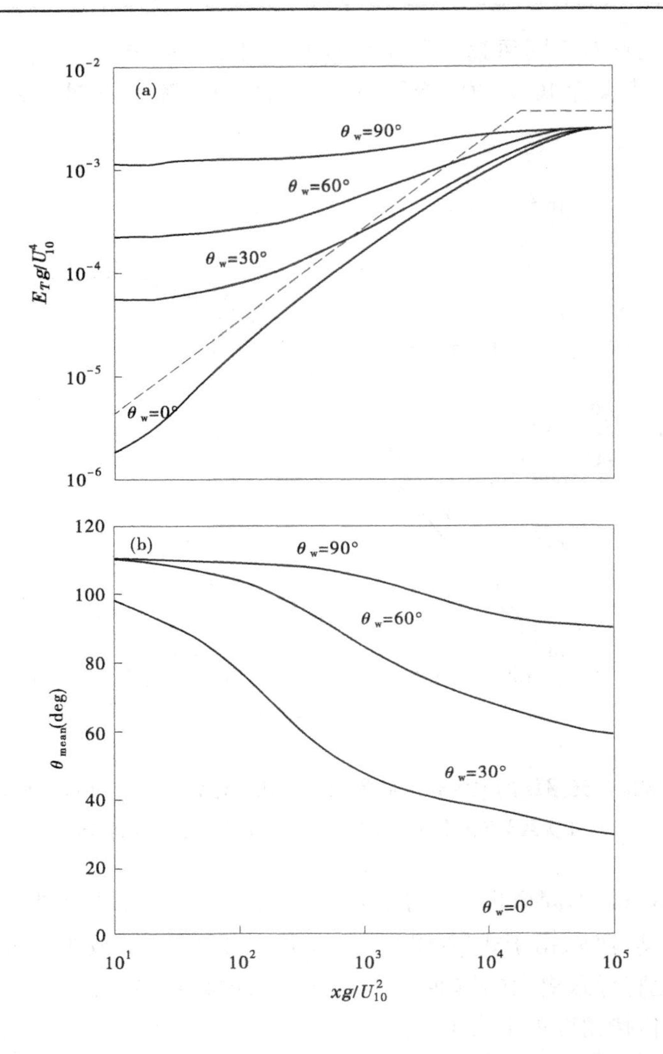

图 2-5　(a)与图 2-4 一样,在风速 U_{10} = 10 m/s 情况下,不同风向作用下的结果;
(b) 式(2-39)计算的平均波传播方向

其中 L = 400 km 为区域的宽度。模型在空间上、时间上及方向上值分别为 5 km、400 s 和 10°。由于波浪发生于表面处,垂向上变化在这个试验里不是考虑的重点,虽然我们的程序里考虑了垂向上的变化,见式(2-7)。首先,在无流 U_{10} = 10 m/s 情况下波浪进行充分成长,在有流情况下不同风向的波能及传播方向见图 2-6。为了使得边界处的通量能够传出去,在边界处设置了辐射边界条件。通过分析结果得到,式(2-3)中$(k_{\alpha}/k)\sin\theta\partial\overline{u}_{A\alpha}/\partial x = \sin^{2}\theta\partial V/\partial x$是导致这些变化的主要原因。注意到如果模型采用垂向平均的流速则将产生较小的偏移。

2.4.4　水深变浅引起的波浪破碎

模型模拟了因水深变浅引起的波浪破碎现象,模型验证采用 Battjes 和 Janssen[220] 做

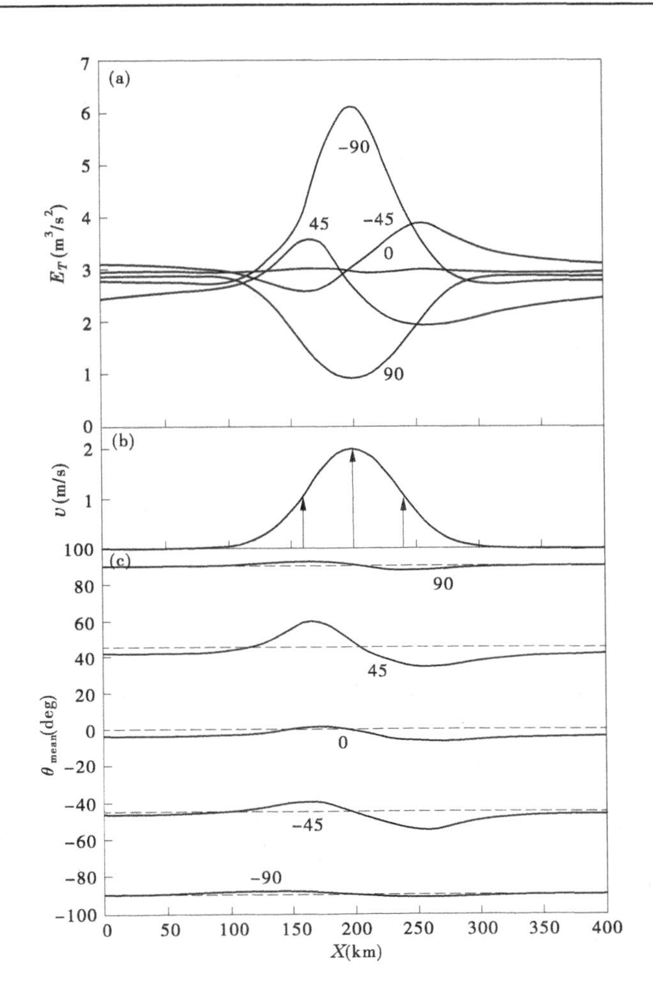

图 2-6 在 10 m/s 风速作用下，北向的墨西哥湾流对不同风向条件下生成波浪的影响，风向范围为 −90°～90°。(a) 波能的变化；(b) 湾流分布；(c) 平均波传播方向的变化

的试验，为波浪从深水向浅水传播过程中地形变化会导致波浪破碎的情形。造波机生成的波从上游向构造的地形上传播，波浪频率为 0.53 Hz，在上游边界处 $E_\theta = 0.025(\beta/2) \cdot \mathrm{sech}^2(\beta\theta)$，这里 $\beta = 2.2$。图 2-7 给出了有效波高；这里 $\gamma = 0.70$，Booij 等[111]在将他们的第三代波浪模型与试验结果对比时取 $\gamma = 0.73$。从图 2-7 可以看出，模型计算值与试验测量值吻合良好。波生流和波浪增减水会对结果产生影响，这里未作考虑。

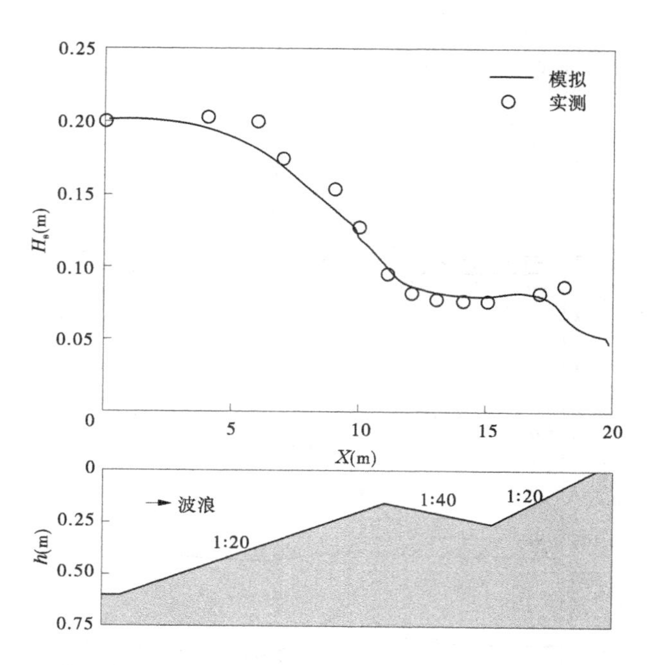

图 2-7　水深变化导致波浪破碎试验，模型中采用破碎参数为 $\gamma = 0.7$

2.4.5　有限风区浅水湖泊波浪场模拟

在本节模型模拟了有限风区、浅水情况下的风浪生长，选取了位于澳大利亚堪培拉附近的乔治亚湖作为研究对象；Young 和 Verhagen[230, 231] 在近乎理想的状况下对该湖进行了观测。乔治亚湖为一个相对较浅的湖泊，底部为细泥，水底地形较为平缓，平均水深约为 2 m，约 20 km 长和 10 km 宽，地形见图 2-8(a)。在湖泊内布置了 8 个贯穿南北的观测点，关于观测点的详细说明见表 2-1。

表 2-1　测点的特征(水深为 1992 年 4 月 19 日的结果)　　(单位：m)

测站	水深	北向风区长度	南向风区长度	北向分区上平均水深	南向分区上平均水深
1	1.68	1 300	15 700	1.09	1.79
2	1.81	2 300	14 700	1.39	1.79
3	1.76	3 700	13 300	1.55	1.79
4	1.79	5 300	11 700	1.62	1.79
5	1.9	6 700	10 300	1.66	1.78
6	1.94	8 100	8 800	1.71	1.77
7	2.04	11 800	5 200	1.80	1.62
8	2.01	15 300	1 700	1.85	0.92

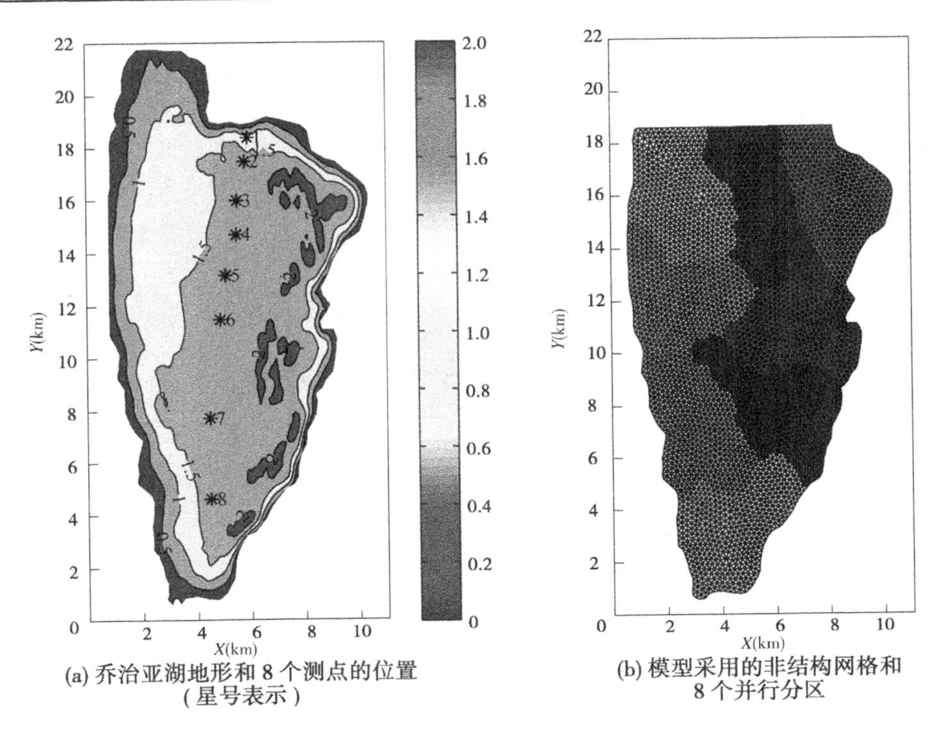

(a) 乔治亚湖地形和 8 个测点的位置（星号表示）

(b) 模型采用的非结构网格和 8 个并行分区

图 2-8 乔治亚湖地形及网格分区

在测站 6 处进行了 10 m 高风速和波浪谱的观测。从众多数据中选取三组数据进行分析，分别为低风速组 U_{10} = 6.4 m/s，中等风速组 U_{10} = 10.8 m/s 和高风速组 U_{10} = 15.2 m/s，风均为从北向南吹，与测站 1 和测站 6 的连线成大约 20°。图 2-8(b) 给出了乔治亚湖的网格剖分情况，整个网格单元节点为 3 638，单元数为 7 026。采用并行计算，模型分成 8 个计算子区域，通过 METIS 分区库可以得到荷载相对平衡的分区，不同的颜色代表不同的计算进程。

图 2-9 给出了三种工况条件下 8 个观测点的有效波高 H_s 和谱峰频率 f_p。由于风场存在一些扰动，观测值并不会呈现单调变化；Young 和 Verhagen[230] 也发现了风速在南北线上的扰动变化。由于风场的季节变化，湖泊的水深也出现变化，在一定程度上会影响上游岸线的位置，为了避免这种不确定性，对波浪模型的上部边界位置进行调整，选取通过测站 1 的一条直线为固边界，并假定风向分布函数为 $\cos^2\theta$。Booij 等[111] 在采用这个试验验证 SWAN 模型时也采取了同样的方法。模型模拟结果、SWAN 模型的计算结果以及实测值的对比见图 2-9。计算结果与实测值吻合良好，有效波高和谱峰频率的均方根误差均小于 10%，图 2-10 给出了 U_{10} = 10.4 m/s 情况下的有效波高和谱峰频率的平面分布。

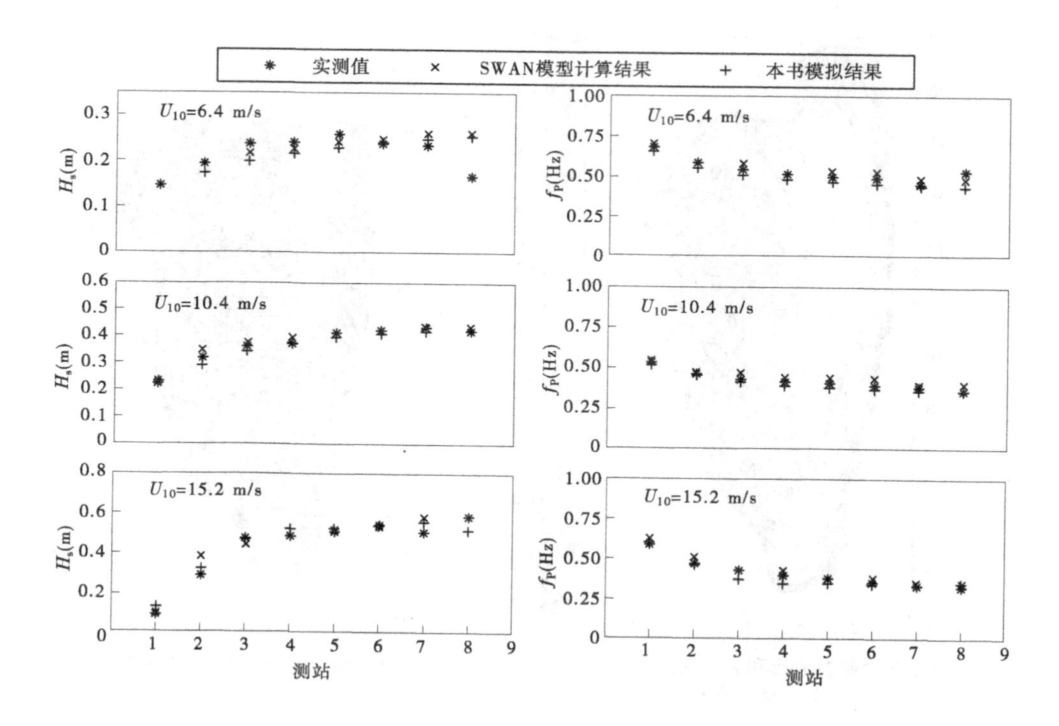

图 2-9　三种工况（北向风 U_{10} = 6.4 m/s、10.8 m/s 和 15.2 m/s）条件下 8 个观测点的有效波高 H_s 和谱峰频率 f_p

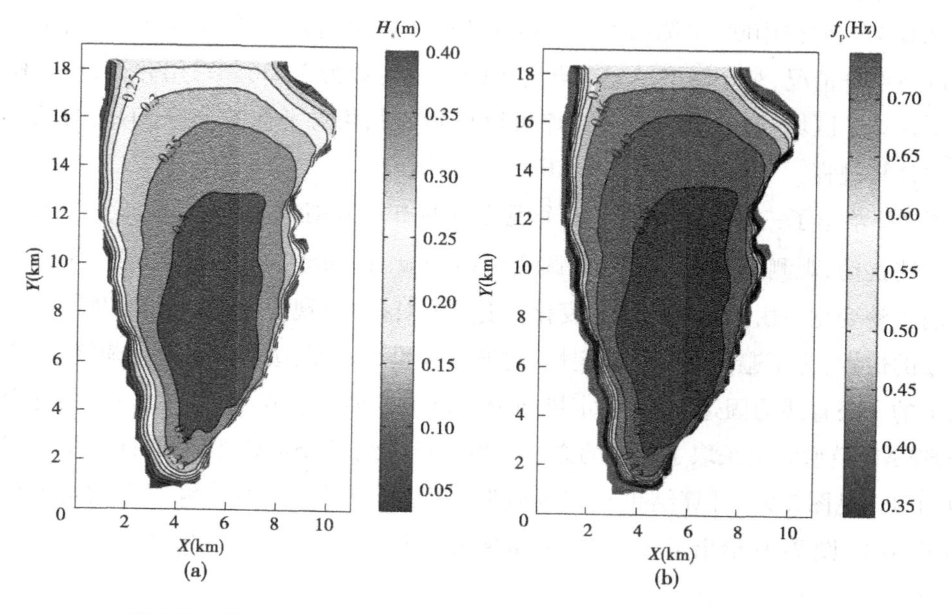

图 2-10　U_{10} = 10.4 m/s 情况下的有效波高和谱峰频率的平面分布

2.4.6 卡特里娜飓风作用下墨西哥湾的波浪场模拟

2005 年发生的卡特里娜飓风为美国历史上最大的飓风之一，给飓风登陆地新奥尔良市造成了巨大的经济损失。据历史记录它是发生在大西洋地区的第 6 大飓风，为登陆美国本土的第 3 大飓风。8 月 23 日在巴哈马群岛东南部形成热带低气压，并于 8 月 24 日升级到热带风暴卡特里娜，在穿过佛罗里达州南部时变为 1 级飓风，8 月 26 ~ 28 日期间飓风在温暖墨西哥湾流影响下迅速增强，并于 8 月 28 日发展成为 5 级飓风，最高风速约 175 mi/h，8 月 29 日在路易斯安那—密西西比边界附近登陆时风暴减弱为 3 级飓风。

为了模拟飓风期间的波浪场，模型采用的非结构化网格在地理空间上的分辨率从深水区域附近 90 km 到海岸和海湾内的 15 km。网格节点数为 13 227，网格单元数为 25 402，角度空间上划分 36 等份。海底地形是来自海底地形测量结果数据库[232]。该模型水深和非结构网格如图 2-11 和图 2-12 所示。模型由风场驱动，风场采用飓风研究中心(HRD)的热带气旋观测系统实测数据[233]和 NCEP/QSCAT 风场数据[234]。HRD 数据为 1 000 km × 1 000 km 的移动“盒状”数据，先插值到计算网格，然后与 NCEP/QSCAT 混合风场进行组合，具体方法为合并后的风场在一个半径为 800 km 的圆内保留 HRD 风场数据，而圆外数据与 NCEP/QSCAT 风场数据采用双曲正切函数进行贴合。图 2-13 显示了卡特里娜飓风组合后的风场。模型的时间步长为 75 s，模型初始场为静止，采用 24 个 cpu 参与并行计算。

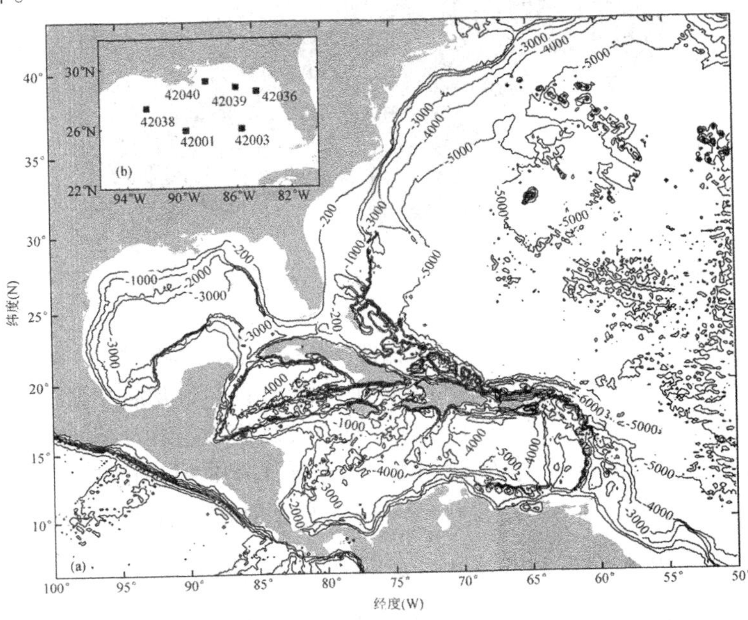

图 2-11 模型模拟区域墨西哥湾及周围海域水深（单位为 m，图中黑色的矩形表示 NDBC 测站）

为了更好地了解模型的模拟结果，引入三个参数对结果进行分析：模型结果与实测值的平均偏差（*AD*），归一化的均方根偏差（*NRMSE*）及相关系数（*CC*），具体表达如下：

$$AD = \frac{1}{N}\sum_{n=1}^{N} x_n^{\text{comp}} - \frac{1}{N}\sum_{n=1}^{N} x_n^{\text{obs}} \tag{2-39}$$

$$NRMSE = \left[\frac{\sum_{n=1}^{N} (x_n^{\text{comp}} - x_n^{\text{obs}})^2}{\sum_{n=1}^{N} (x_n^{\text{obs}})^2}\right]^{1/2} \tag{2-40}$$

$$CC = \frac{1}{N}\sum_{n=1}^{N} (x_n^{\text{comp}} - x_n^{\text{mcomp}})(x_n^{\text{obs}} - x_n^{\text{mobs}})/\sigma_{\text{comp}}\sigma_{\text{obs}} \tag{2-41}$$

式中：N代表数据数量，其时间间隔为1 h；x_n^{comp} 为计算出的波浪要素；x_n^{mcomp} 为计算出的波浪要素平均值；x_n^{obs} 为实测的波浪要素；x_n^{mobs} 为实测的波浪要素平均值；σ_{comp} 为计算标准差；σ_{obs} 为实测标准差。

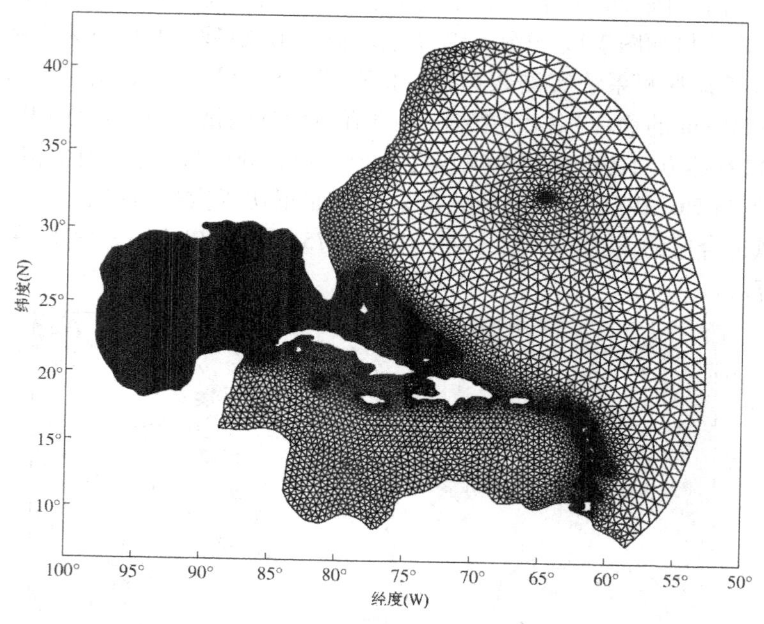

图 2-12　墨西哥湾及美国东海岸模型的非结构网格

模型通过与6个NDBC(国家浮标资料中心)测站的实测波浪要素进行对比验证。具体的浮标位置见图2-11。图2-14给出了计算的有效波高模拟值和浮标实测值的对比。对于浮标42001，计算的有效波高 H_s 较实测值要大，浮标42038模拟的涌浪较实测值来得要晚。对于其他浮标点，不论是峰值还是峰值时间均与实测值吻合良好。平均波周期 $T_{\text{ave}} = E_T(\int_{-\pi}^{\pi}\sigma_\theta E_\theta \mathrm{d}\theta)^{-1}$ 的结果见图2-15，浮标42001的模型计算值与实测值误差很小，其他浮标的偏差在1 ~ 2 s范围内。表2-2总结了有效波高和平均波周期的偏差统计值，模型较准确地模拟了飓风期间墨西哥湾海域内的有效波高和平均波周期，它们的 AD 分别为 −0.045 m和0.056 s，$NRMSE$ 值分别为0.253和0.173，CC 值分别为0.935和0.921。较好的模拟结果说明模型可用于预报飓风发生期间的波浪场。

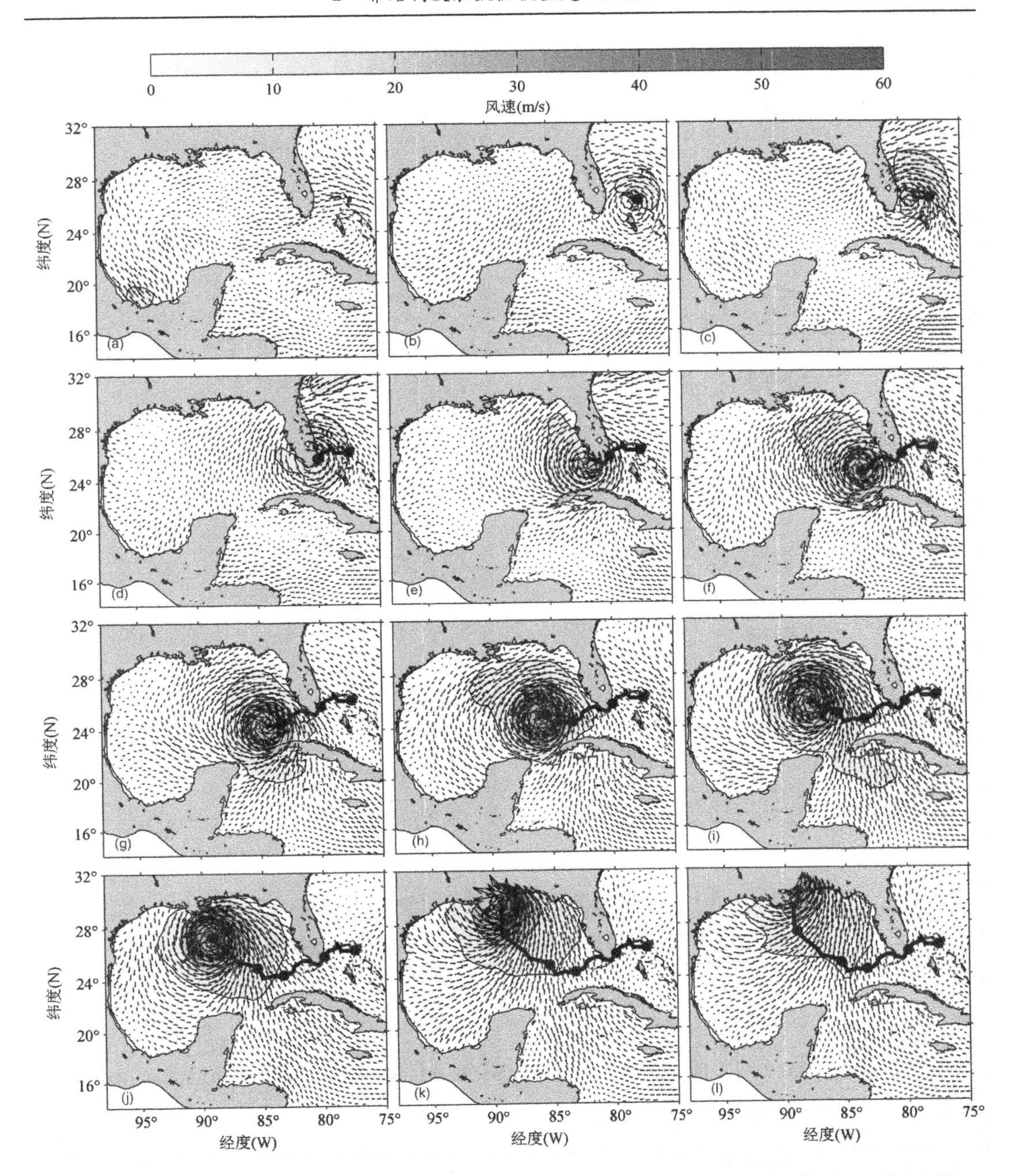

图 2-13　每隔 12 小时卡特里娜飓风风场路径(从(a) 2005 年 8 月 24 日 12:00 到(k) 29 日 12:00。最后一幅(l) 为 8 月 29 日 19:00 的风场,黑点代表每天的风暴眼位置)

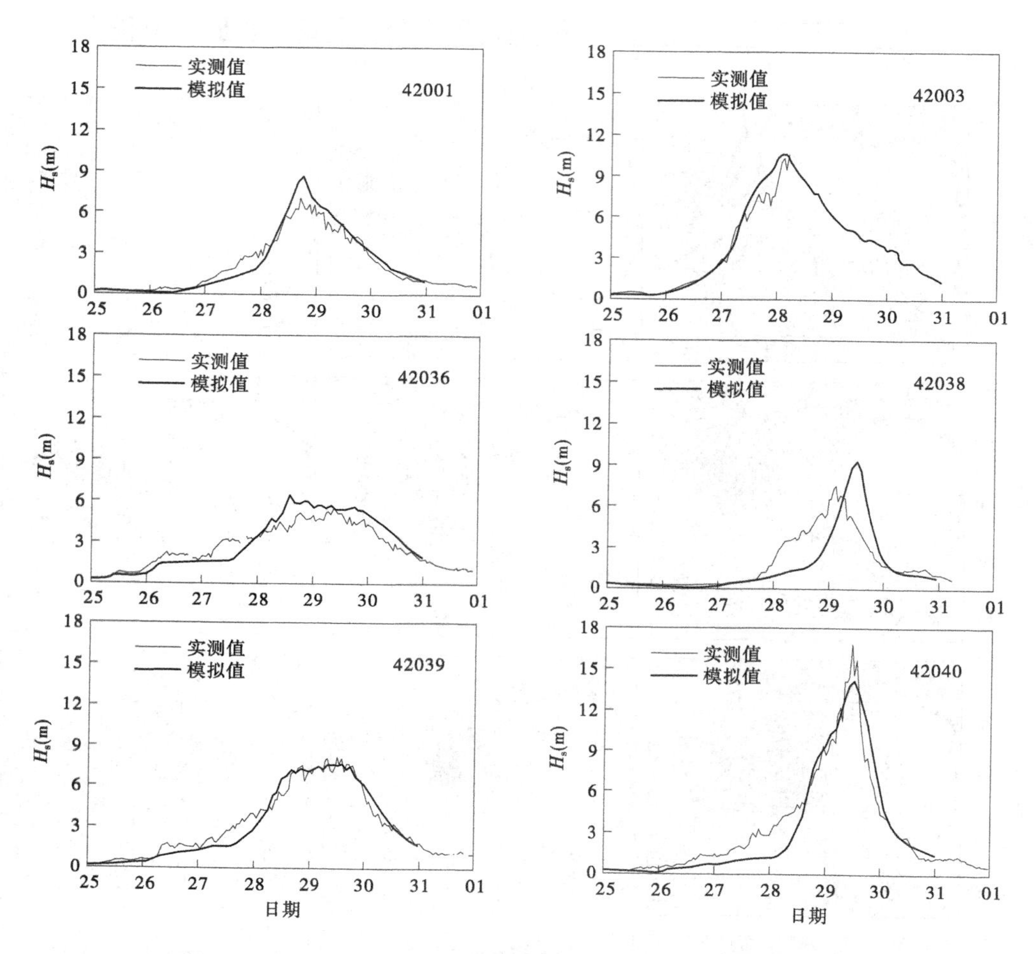

图 2-14　6 个 NDBC 测站的有效波高模拟值与浮标实测值对比

表 2-2　在 6 个浮标处模型的有效波高和平均波周期的偏差统计结果

统计	42001		42003		42036		42038		42039		42040		平均	
	H_s	T_{ave}	H_s	T_{ave}	H_s	T_{ave}	H_s	T_{ave}	H_s	T_{ave}	H_s	T_{ave}	H_s	T_{ave}
AD	0.039	−0.422	0.222	0.146	0.147	0.508	−0.234	−0.200	−0.149	0.455	−0.297	−0.149	−0.045	0.056
NRMSE	0.213	0.143	0.160	0.137	0.233	0.166	0.572	0.229	0.137	0.156	0.207	0.210	0.253	0.173
CC	0.972	0.941	0.993	0.974	0.949	0.933	0.749	0.818	0.979	0.954	0.967	0.903	0.935	0.921

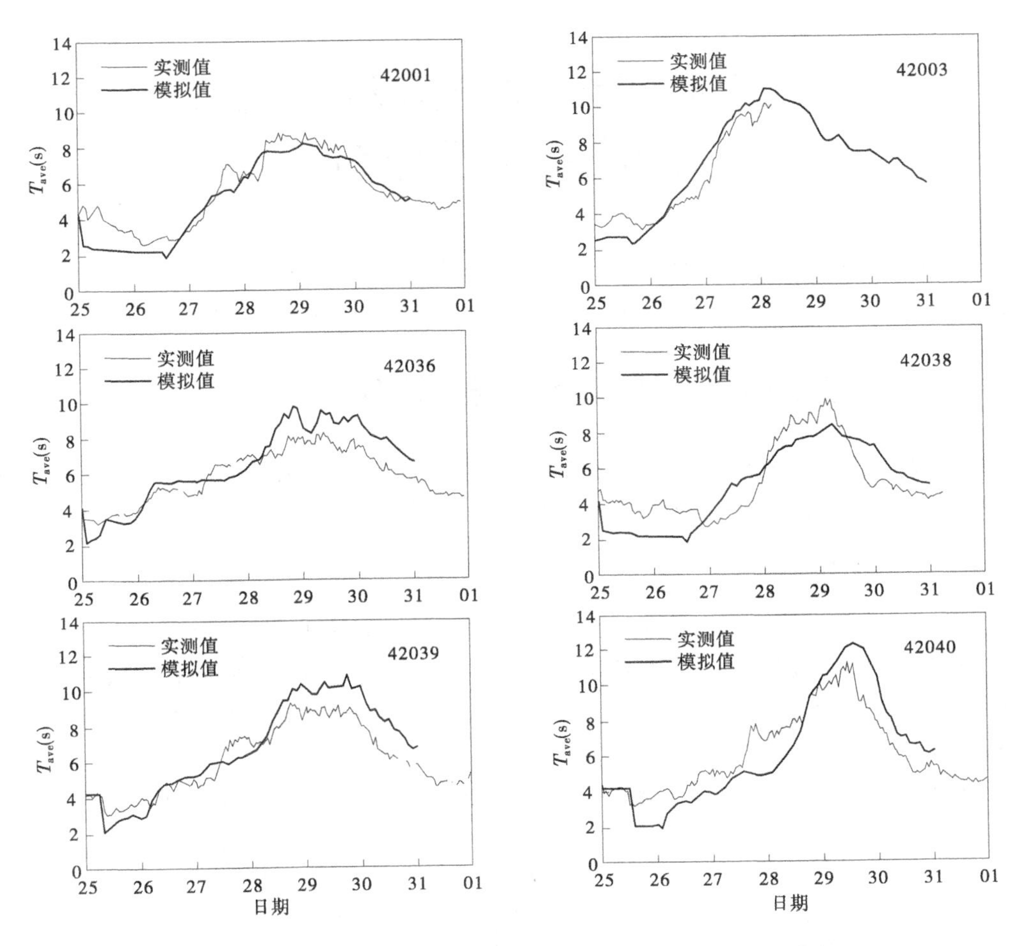

图 2-15　6 个 NDBC 测站的平均波周期模拟值与实测值对比

2.5　小　结

本章建立了一个并行、非结构网格参数化波浪数值模型用于与三维非结构海洋数值模型进行耦合。模型遵守波能守恒方程，考虑了浅水效应、折射、波能耗散等影响因素。采用非结构网格可以很好地拟合复杂的岸线边界。在平面空间上采用二阶迎风格式求解，在波浪方向空间上采用 MPDATA 格式求解。模型采用 METIS 进行计算区域并行化处理。通过几个理想算例及模拟乔治亚湖和墨西哥湾的波浪场对建立的模型进行了验证，结果表明模型与解析解、实验室地形及真实地形条件下的实测值吻合良好。建立的波浪模型具有较高的计算效率，方便与现有的非结构海洋模型进行无缝耦合。

3 三维非结构波流耦合数值模型建立及验证

通过修改非结构有限体积模型 FVCOM 与前建立的非结构波浪模型进行双向耦合，建立一个可以考虑波浪的效应，且能够很好地适应于地形比较复杂区域的三维数值模型。

3.1 三维非结构波流耦合数值模型描述

模型包含两个模块：波浪模块和水流模块。波浪模块通过求解波能守恒方程求解不规则地形上的波浪要素；水流模块基于 FVCOM 数值模型并进行一些修改。

3.1.1 水流模块

在采用 Boussinesq 近似和静压假定的三维原始方程基础上，通过扩展包含了波浪效应。该模块基于现有模型 FVCOM，模型中包含了表面风应力、表面热通量、淡水通量以及底部应力的计算，采用 Mellor-Yamada 2.5 阶紊流闭合模型[235]求解涡黏系数。该模型已经成功应用于一些近海区域[236-244]。

在垂向上采用 sigma 坐标，在水平上采用无重合的非结构网格。动量方程如下：

$$\frac{\partial UD}{\partial t}+\frac{\partial U^2D}{\partial x}+\frac{\partial UVD}{\partial y}+\frac{\partial U\omega}{\partial \zeta}-fVD+gD\frac{\partial \eta}{\partial x}+\frac{D}{\rho_0}\frac{\partial P}{\partial x}$$
$$=\frac{\partial}{\partial \zeta}(\tau_{px}+\tau_{tx})+\frac{\partial}{\partial x}\left[2A_mH\frac{\partial U}{\partial x}\right]+\frac{\partial}{\partial y}\left[A_mH\left(\frac{\partial U}{\partial y}+\frac{\partial V}{\partial x}\right)\right]+R_x \tag{3-1}$$

$$\frac{\partial VD}{\partial t}+\frac{\partial UVD}{\partial x}+\frac{\partial V^2D}{\partial y}+\frac{\partial V\omega}{\partial \zeta}+fUD+gD\frac{\partial \eta}{\partial y}+\frac{D}{\rho_0}\frac{\partial P}{\partial y}$$
$$=\frac{\partial}{\partial \zeta}(\tau_{py}+\tau_{ty})+\frac{\partial}{\partial y}\left[2A_mH\frac{\partial V}{\partial y}\right]+\frac{\partial}{\partial x}\left[A_mH\left(\frac{\partial U}{\partial y}+\frac{\partial V}{\partial x}\right)\right]+R_y \tag{3-2}$$

$$\frac{\partial P}{\partial \zeta}+\rho Dg=0 \tag{3-3}$$

连续方程为

$$\frac{\partial DU}{\partial x}+\frac{\partial DV}{\partial y}+\frac{\partial \omega}{\partial \zeta}+\frac{\partial \eta}{\partial t}=0 \tag{3-4}$$

物质输运方程为

$$\frac{\partial UC}{\partial t}+\frac{\partial UDC}{\partial x}+\frac{\partial VDC}{\partial y}+\frac{\partial \omega DC}{\partial \zeta}=\frac{1}{D}\frac{\partial}{\partial \zeta}\left(K_h\frac{\partial C}{\partial \zeta}\right)+$$
$$\frac{\partial}{\partial x}\left[A_hH\frac{\partial C}{\partial x}\right]+\frac{\partial}{\partial y}\left[A_hH\frac{\partial C}{\partial y}\right]+C_{\text{source}} \tag{3-5}$$

式中：U 和 V 为 x 和 y 方向的速度；f 为科氏常数；ω 为垂直于 sigma 面的垂向速度；垂向

sigma 坐标$(z-\eta)/D$从底层$\zeta=-1$变化到表层$\zeta=0$；z为垂直向上的坐标，其中$z=0$为平均水面所在位置；η为波周期平均的自由水面；$D=H+\eta$为总水深；H为平均水面到底床的距离；P为压力；ρ和ρ_0为海水总密度和参照密度；g为重力加速度、$\tau_{t\alpha}$、$\tau_{p\alpha}$为紊动和风压力产生的应力项；K_h为垂向涡黏系数；A_m和A_h为水平涡黏系数及扩散系数，它们由 Smagorinsky 涡黏模型求解；C代表传输物质，如温度、盐度等；C_{source}为源汇项；R_x、R_y为由表面波浪导致的波浪辐射应力[108]：

$$
\begin{aligned}
R_x &= -D\left[\frac{\partial S_{xx}(\zeta)}{\partial x}+\frac{\partial S_{xy}(\zeta)}{\partial y}\right]+\zeta\left(\frac{\partial D}{\partial x}\frac{\partial S_{xx}}{\partial \zeta}+\frac{\partial D}{\partial y}\frac{\partial S_{xy}}{\partial \zeta}\right)\\
R_y &= -D\left[\frac{\partial S_{yx}(\zeta)}{\partial x}+\frac{\partial S_{yy}(\zeta)}{\partial y}\right]+\zeta\left(\frac{\partial D}{\partial x}\frac{\partial S_{yx}}{\partial \zeta}+\frac{\partial D}{\partial y}\frac{\partial S_{yy}}{\partial \zeta}\right)
\end{aligned}
\tag{3-6}
$$

其中S_{xx}、S_{yy}、S_{xy}为

$$
\begin{aligned}
S_{xx}(\zeta) &= E_T\frac{k[\cosh 2k(1+\zeta)D+1]}{\sinh 2kD}\cos^2\bar{\theta}-E_T\frac{k[\cosh 2k(1+\zeta)D-1]}{\sinh 2kD}+E_D\\
S_{yy}(\zeta) &= E_T\frac{k[\cosh 2k(1+\zeta)D+1]}{\sinh 2kD}\sin^2\bar{\theta}-E_T\frac{k[\cosh 2k(1+\zeta)D-1]}{\sinh 2kD}+E_D\\
S_{xy}(\zeta) &= S_{yx}(\zeta)=E_T\frac{k[\cosh 2k(1+\zeta)D+1]}{\sinh 2kD}\sin\bar{\theta}\cos\bar{\theta}
\end{aligned}
\tag{3-7}
$$

其中$\bar{\theta}=\tan^{-1}\int_{-\pi}^{\pi}E_\theta\sin\theta\mathrm{d}\theta/\int_{-\pi}^{\pi}E_\theta\cos\theta\mathrm{d}\theta$为波浪相对于正东方向的传播主方向；$E_\theta$、$\theta$在 3.1.2 部分进行定义；$k_\alpha=k(\cos\bar{\theta},\sin\bar{\theta})$为波数向量且$k=|k_\alpha|$；$E_T$为单位水面下的波浪能量；$E_D$为修改后的$\delta$函数，它在$\zeta\neq0$时等于 0 且$\int_{-1}^{0}E_D D\mathrm{d}\zeta=E/2$。

这些方程通过求解紊动动能和紊动混合长度的方程进行闭合：

$$
\begin{aligned}
&\frac{\partial q^2D}{\partial t}+\frac{\partial Uq^2D}{\partial x}+\frac{\partial Vq^2D}{\partial y}+\frac{\partial \omega q^2}{\partial \zeta}=\frac{\partial}{\partial \zeta}\left[\frac{K_q}{D}\frac{\partial q^2}{\partial \zeta}\right]+\frac{2K_m}{D}\left[\left(\frac{\partial U}{\partial \zeta}\right)^2+\left(\frac{\partial V}{\partial \zeta}\right)^2\right]+\\
&\quad 2\left(\tau_{px}\frac{\partial U}{\partial \zeta}+\tau_{py}\frac{\partial V}{\partial \zeta}\right)-\frac{2Dq^3}{B_1 l}+\frac{2g}{\rho_0}K_h\frac{\partial \tilde{\rho}}{\partial \zeta}+\frac{\partial}{\partial x}\left(DA_h\frac{\partial q^2}{\partial x}\right)+\frac{\partial}{\partial y}\left(DA_h\frac{\partial q^2}{\partial y}\right)
\end{aligned}
\tag{3-8}
$$

$$
\begin{aligned}
&\frac{\partial q^2lD}{\partial t}+\frac{\partial Uq^2lD}{\partial x}+\frac{\partial Vq^2lD}{\partial y}+\frac{\partial \omega q^2l}{\partial \zeta}=\frac{\partial}{\partial \zeta}\left[\frac{K_q}{D}\frac{\partial q^2l}{\partial \zeta}\right]+E_1l\left(\frac{K_m}{D}\left[\left(\frac{\partial U}{\partial \zeta}\right)^2+\left(\frac{\partial V}{\partial \zeta}\right)^2\right]+\right.\\
&\quad \left.\left(\tau_{px}\frac{\partial U}{\partial \zeta}+\tau_{py}\frac{\partial V}{\partial \zeta}\right)+E_3\frac{g}{\rho_0}K_h\frac{\partial \tilde{\rho}}{\partial \zeta}\right)-\frac{Dq^3}{B_1}\tilde{W}+\frac{\partial}{\partial x}\left(DA_h\frac{\partial q^2l}{\partial x}\right)+\frac{\partial}{\partial y}\left(DA_h\frac{\partial q^2l}{\partial y}\right)
\end{aligned}
\tag{3-9}
$$

式中：$L^{-1}=(\eta-z)^{-1}+(H+z)^{-1}$；$\tilde{W}=1+E_2l^2/(\kappa L)^2$为墙近似函数，$\kappa=0.4$为卡曼常数；$E_1$、$E_3$和$B_1$为模型闭合常数；$K_m$为垂向涡黏系数；$K_q$为紊动动能的垂向扩散系数；$q^2/2$为紊动能量；$\partial\tilde{\rho}/\partial\zeta=\partial\rho/\partial\zeta-c_s^{-2}\partial P/\partial\zeta$，$c_s$为声速；$l$为紊动混合长度；$\tau_p$为压应力项[211]；参数$K_m$、$K_h$、$K_q$的求解过程见文献[3]。

3.1.2 波浪模块

通过修改动量方程来考虑波浪的作用时，需要用到一些波浪要素，如波能、波传播方

向及波长等。此外,底部边界条件及紊流模型也需要一些波浪要素,如波周期、底部速度、波能耗散等。为了叙述方便,这里对 2.1 节建立的非结构网格风浪模型进行简要描述(对应的方程为式(2-7)、式(2-8)、式(2-12)、式(2-14)),基本控制方程如下:

$$\frac{\partial E_\theta}{\partial t} + \frac{\partial}{\partial x_\alpha}[(\bar{c}_{g\alpha} + \bar{u}_{A\alpha})E_\theta] + \frac{\partial}{\partial \theta}(\bar{c}_\theta E_\theta) + \int_{-1}^{0} \bar{S}_{\alpha\beta} \frac{\partial U_\alpha}{\partial x_\beta} D\mathrm{d}\zeta = S_{\theta\mathrm{in}} - S_{\theta\mathrm{Sdis}} - S_{\theta\mathrm{Bdis}} \tag{3-10}$$

水平坐标用 $x_\alpha = (x, y)$ 表示。变量上面的一横代表谱平均。方程(3-10)的前两项决定波能在时间和空间上传播,第三项为折射项。左侧的最后一项包含了波浪辐射应力项 $\bar{S}_{\alpha\beta}$,可显式表示为

$$\int_{-1}^{0} \bar{S}_{\alpha\beta} \frac{\partial U_\alpha}{\partial x_\beta} D\mathrm{d}\zeta = E_\theta D\Big[\cos^2\theta \int_{-1}^{0} \frac{\partial U}{\partial x} F_1 \mathrm{d}\zeta - \int_{-1}^{0} \frac{\partial U}{\partial x} F_2 \mathrm{d}\zeta + \cos\theta\sin\theta \int_{-1}^{0} \Big(\frac{\partial U}{\partial y} + \frac{\partial V}{\partial x}\Big) F_1 \mathrm{d}\zeta + \sin^2\theta \int_{-1}^{0} \frac{\partial V}{\partial y} F_1 \mathrm{d}\zeta - \int_{-1}^{0} \frac{\partial V}{\partial y} F_2 \mathrm{d}\zeta\Big] \tag{3-11}$$

式中:$F_1 = E_T^{-1} \int_0^\infty E_\sigma (k/k_p) F_{CS} F_{CC} \mathrm{d}\sigma F_2 = E_T^{-1} \int_0^\infty E_\sigma (k/k_p) F_{SC} F_{SS} \mathrm{d}\sigma$,$\sigma$ 为固有频率,k_p 为频率为谱峰高频率时的波数;$E_\theta = \int_0^\infty E_{\sigma,\theta}(x, y, t, \sigma, \theta) \mathrm{d}\sigma$ 为某一方向上的波能(除以水体密度),θ 为波浪相对于正东方向上的传播方向;$E_\sigma = \int_{-\pi}^{\pi} E_{\sigma,\theta} \mathrm{d}\theta$,$E_T = \int_{-\pi}^{\pi} E_\theta \mathrm{d}\theta$,$F_{CS} = \cosh kD(1+\zeta)/\sinh kD$,$F_{CC} = \cosh kD(1+\zeta)/\cosh kD$,$F_{SC} = \sinh kD(1+\zeta)/\cosh kD$,$F_{SS} = \sinh kD(1+\zeta)/\sinh kD$;$S_{\theta\mathrm{in}}$ 为与风有关的波能源项,空气对水体的作用为$\rho_\mathrm{w} S_{\theta\mathrm{in}}$,其中$\rho_\mathrm{w}$ 为海水密度。$S_{\theta\mathrm{Sdis}}$ 和 $S_{\theta\mathrm{Bdis}}$ 为波浪表层及底层的耗散;符号 $\bar{c}_{g\alpha}$、$\bar{c}_\theta$、$\bar{u}_{A\alpha}$ 和 $\bar{S}_{\alpha\beta}$ 代表进行谱平均。

谱平均后的群速度为频率的函数,频率通过下式求解:

$$\frac{\partial \sigma_\theta}{\partial t} + (\bar{c}_{g\alpha} + \bar{u}_{A\alpha}) \frac{\partial \sigma_\theta}{\partial x_\alpha} = -\frac{\partial \sigma_\theta}{\partial k}\Big(\frac{k_\alpha k_\beta}{k^2} \frac{\partial \bar{u}_{A\alpha}}{\partial x_\beta}\Big) + \frac{\partial \sigma_\theta}{\partial D}\Big(\frac{\partial D}{\partial t} + \bar{u}_{A\alpha} \frac{\partial D}{\partial x_\alpha}\Big) + \sigma_p(\sigma_p - \sigma_\theta) f_{\mathrm{spr}}^{1/2} \tag{3-12}$$

其中,$\partial\sigma_\theta/\partial D = (\sigma_\theta/D)(n - 1/2)$,$n = 1/2 + kD/\sinh 2kD$,$f_{\mathrm{spr}} = S_{\theta\mathrm{in}} / \int_{-\pi/2}^{\pi/2} S_{\theta\mathrm{in}} \mathrm{d}\theta$,$\partial\sigma_\theta/\partial k = \bar{c}_g$。当 θ 方向为风驱动时,σ_θ 将由谱峰频率 σ_p 替代

$$\frac{E_{\theta\max} g}{U_{10}^4} = 0.002\,2\,(U_{10}\sigma_p/g)^{-3.3} \tag{3-13}$$

式(3-13)表明,对于由风驱动部分的 E_θ,σ_p 是 $E_{\theta\max}$ 和 U_{10} 的函数;对于 E_θ 的其他部分或者对于微风或无风情况,频率由式(3-12)求得。

3.1.3 网格布置及方程离散

耦合模型通过计算式(3-1)~式(3-5),式(3-8)~式(3-10)和式(3-12)在非结构三角形网格上的积分通量进行求解。三角形网格由 3 个节点、一个中心点和 3 条边组成,如图 3-1(a)所示。其中,变量 U、V、E_θ、c_θ 和 σ_θ 放置在三角形中心点,另一些变量如 η、H、D、ρ、w、C、K_m、K_h、A_m 和 A_h 放置在三角形节点上。三角形节点处的变量由三角形中心点

和边中点连成的多边形上的净通量求解确定，如图 3-1(a)中虚线表示的多边形。三角形中心点处的变量通过求解三角形三条边上的净通量求解，如图 3-1(a)中粗实线表示的三角形。在角度空间上变化范围为 $-\pi \sim \pi$，在角度空间上分成 *mseg* 份，每一份的增量为 $\delta = 2\pi/mseg$，在 $-\pi$ 和 $-\pi$ 边界处设置循环边界条件。利用集群系统的多 cpu 特性，模型采用分布式内存、并行信息传递方法(MPI)进行并行化处理，通过 MPI 向相邻的进程传递分区边界处的信息。非结构网格采用 METIS 库[225]进行分区划分，分区间数据传递过程见图 3-1(c)。

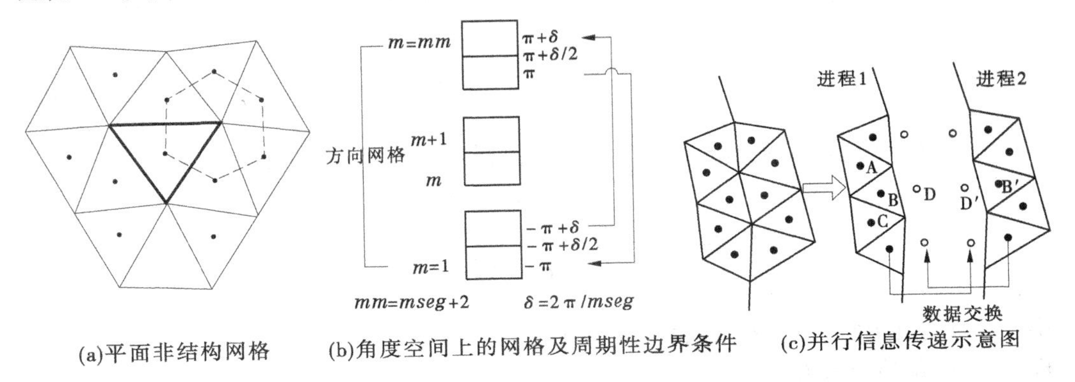

(a)平面非结构网格　(b)角度空间上的网格及周期性边界条件　(c)并行信息传递示意图

图 3-1　网格示意图

波浪模块的离散过程见 2.2.2 部分；水动力模块采用二阶迎风格式求解对流项，垂向扩散采用隐式求解，积分采用四阶龙格库塔法求解，关于水动力模块的具体离散过程参见文献[18]。

3.1.4　边界条件及耦合过程

3.1.4.1　侧边界条件

固边界处的水动力和温盐条件给定如下：

$$v_n = 0;\qquad \frac{\partial C}{\partial n} = 0 \tag{3-14}$$

式中：v_n 为垂直于边界方向的速度；n 为代表垂直于边界的坐标。

在开边界处，模型有三种边界条件可供选择：一种为在边界处给定潮位条件，一种为辐射边界条件，另外一种为给定潮位和流量边界条件，关于边界的详细说明参见文献[245]。在波浪模块里，开边界采用给定的入射波浪或者采用辐射边界条件。

3.1.4.2　表面边界条件

与波浪有关的表层拖曳系数对模拟波浪引起的涌水很重要。Mastenbroek 等[89]描述了表面拖曳系数对涌水位的影响。尽管拖曳系数可由优化的 Charnock 参数[109]进行描述，但是对于准确模拟涌水位而言，采用与波浪相关的 Charnock 数去除了需要寻找合适参数的麻烦。

模型中采用了两种风应力参数化方法。第一种方法是采用 Oey 等建立的公式[246]，它拟合了低风速至中等风速和一些高风速情形下的数据，形式如下：

$$C_d = \begin{cases} 1.2 & |W| \leq 11 \text{ m/s} \\ 0.49 + 0.065|W| & 11 \text{ m/s} < |W| \leq 19 \text{ m/s} \\ 1.364 + 0.0234|W| - 0.00023158|W|^2 & 19 \text{ m/s} < |W| \leq 100 \text{ m/s} \end{cases} \tag{3-15}$$

式中:C_d 为拖曳系数;W 为 10 m 高风速。

第二种方法采用的 Donelan[80] 的方法,即与波浪相关的拖曳系数,其中表面粗糙度和拖曳系数均为波龄的函数。相对于波浪充分成长时的情形,波浪未充分成长时增大的表面粗糙度使得风应力较大。

$$z_0 = 3.7 \times 10^{-5}\left(\frac{W^2}{g}\right)\left(\frac{W}{C_p}\right)^{0.9} \tag{3-16}$$

由 z_0 和 C_d 之间的关系 $z_0 = z\exp(-\kappa/\sqrt{C_d})$ 得出因波浪增强的拖曳系数为

$$C_d = \left[\frac{\kappa}{\ln \dfrac{z}{3.7 \times 10^{-5}\left(\dfrac{W^2}{g}\right)\left(\dfrac{W}{C_p}\right)^{0.9}}}\right]^2 \tag{3-17}$$

式中:C_p 为波浪相速度,W/C_p 代表波数的倒数。

3.1.4.3　底部边界条件

在近岸数值模型中底部边界层处的波浪与流之间的相互作用可以影响水动力结果,在接近破波带处尤为明显[247, 248]。这里采用文献[83]中所用的 Grant 和 Madsen 波浪相互作用模型[82]来参数化由波浪摩擦系数变化引起的紊动增加过程。三维数值模拟中,由波浪导致的紊动增加将通过增加流体的底部摩阻也即增加底部应力的方式影响水流。这里只给出了一个简要的模型描述,具体描述参见文献[83]。

Grant 和 Madsen[82]模型采用典型的二次拖曳法则,特别之处在于这里的 C_d 为包含了波浪效应的拖曳系数:

$$\tau_{bx} = \rho C_d u_b \sqrt{u_b^2 + v_b^2} \tag{3-18}$$

$$\tau_{by} = \rho C_d v_b \sqrt{u_b^2 + v_b^2} \tag{3-19}$$

式中:τ_{bx}、τ_{by}为式(3-1)和式(3-2)中 τ_{tx}、τ_{ty}的底部边界条件。这里采用一个主要假设为,对于线性流体,最大底部切应力定义为

$$\tau_{b,\max} = \tau_c + \tau_w \tag{3-20}$$

式中:τ_c 为由流导致的波浪应力;τ_w 为波浪导致的最大应力,可由式(3-21)求解

$$\tau_w = \frac{1}{2}\rho f_w u_w^2 \tag{3-21}$$

式中:u_w 为近底处的波浪轨迹速度;f_w 为波浪摩擦因子,它由底部粗糙程度 k_s 决定。

最终包含波浪效应的拖曳系数在参照高度 z_r 处的表达形式为

$$C_d = \left[\frac{\kappa}{\ln(30z_r/k_{bc})}\right]^2 \tag{3-22}$$

式中:k_{bc}为包含波浪效应的底部粗糙程度[82]。

这里选择参照高度 z_r 为 20 cm,在有波浪作用情况下,k_s = 0.1 cm 对应底床上部 1 m

处的拖曳系数值为 1.5×10^3。

此外,将 FVCOM 模型中原有的拖曳公式作为参照,比较了波流边界层对模型结果的影响。

3.1.4.4 耦合过程

模型采用了双向动态耦合形式。波浪模块计算表面风应力、底部应力和三维辐射应力提供给水动力模块,同时由水动力模块计算的流场和水面高度提供给波浪模块。此外,模型亦考虑了波浪的存在对紊动方程表面边界条件的影响。波浪模块的计算时间步长通常可与水动力模块的内模时间步长一致;在某些特殊情况下,波浪模块的时间步长可为内模时间步长的一半。在实际计算中,波浪模块的计算耗时与水动力模块的计算耗时相当,具体的耦合过程见图 3-2。

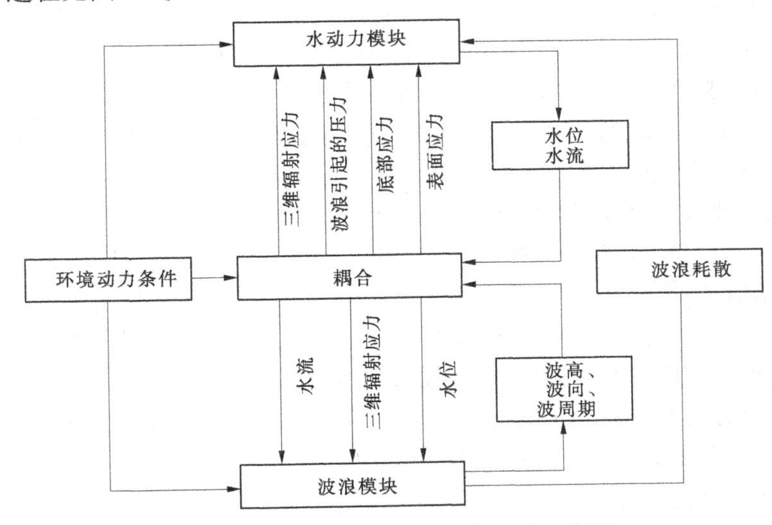

图 3-2 波浪和流模块之间的耦合示意图

3.2 非结构波流耦合数值模型验证

前面的部分着重对模型采用的公式及数值方法进行了描述,下面对建立的模型进行验证和应用,耦合模型首先用于模拟斜坡上的回流,来验证模型模拟波浪引起的水体垂向速度分布的能力;最后采用耦合模型模拟了卡特里娜飓风引起的风暴潮。

3.2.1 斜坡上的回流模拟

首先应用建立的模型对 Ting 和 Kirby[249] 在实验室所做的一个物理试验进行模拟。该试验对验证上面建立的波流耦合模型提供了非常有价值的数据,试验在 40 m 长、0.6 m 宽的水槽中进行,造波机在水深 0.4 m 的水池中造波,水槽中布置一个 1:35 的斜坡,如图 3-3 所示。波周期为 $T = 2.0$ s,平底处的波高为 $H = 0.125$ m,在破波带内外布置若干点用于测量水位和水流速度。

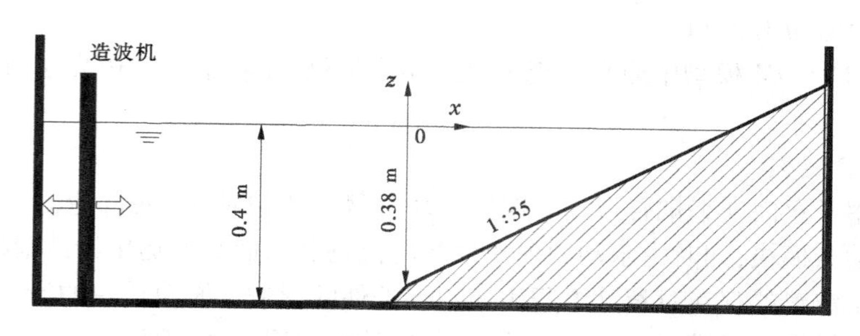

图 3-3　Ting 和 Kirby[249] 的模型试验示意图

模型采用的计算网格分辨率约 0.01 m，在垂向上分成 30 个 sigma 层，在近表层和近底层的垂向分辨率较高。水动力模块和波浪模块的计算时间步长均为 $\Delta t = 0.001$ s，底部应力采用波流耦合边界条件进行计算，底部粗糙度为 0.003 5 m，涡黏系数采用紊流方程进行求解，从冷起动模拟至水流达到一个平衡状态。

实测和模拟的沿斜坡的波高变化见图 3-4，波高随着水深变浅而变大，最大发生在水平位置 $x_b = 6.4$ m 处，模型模拟的破碎前的最大波高被低估，这是因为采用的波浪模型未能很好地刻画波浪浅水变形时的非线性效应。模型模拟的沿底坡的底部回流与实测数据对比见图 3-4，可以发现模型再现了在破波带内的水体回流现象，水体在近表层向岸流动，在底层离岸运动[250]。垂向剖面的流速（U_c）在大小与形状上与实测结果吻合良好。在破波点附近（$x = 5.945$ m、6.665 m、7.275 m）的模拟值与试验值差别略大，这可能是由于此处的波高被低估造成的，且模型中的辐射应力根据线性波理论得出，在破波点附近波浪的非线性效应对辐射应力的垂向分布有一定影响[251]；另一个原因可能是模型没有考虑水滚的影响，包含水滚效应可改进波浪破碎的模拟[252]。

通过模型结果与试验值的对比，表明当前建立的模型可以很好地模拟破波点的位置、破波点处的波高以及底部回流；除在一些位置处的回流效应被放大外，大多数位置的回流与试验结果吻合良好。

3.2.2　卡特里娜飓风在墨西哥湾引起的风暴潮模拟

3.2.1 部分针对实验室理想地形对模型进行了验证，在本部分将耦合模型应用于实际地形下发生的风暴潮事件，具体算例为 2.4.6 部分中的卡特里娜飓风引起的风暴潮，关于该事件的具体描述见 2.4.6 部分。

为了模拟飓风期间的风和波浪引起的风暴涌水，模型采用的非结构化网格在地理空间上的分辨率为深水区附近约 40 km，在海岸和海湾内多芬岛附近约 10 km。网格节点数为 25 220，网格单元数为 49 006，角度空间上划分 36 等份，在垂向上分成 35 层，在表层和近底层的垂向分辨率较高。海底地形来自海底地形测量数据库[232]。该模型海底地形和非结构网格如图 2-11(a)和图 3-5 所示，模型的初始温盐场由全球海洋图集提取[253, 254]，模型由风、潮、大气压力以及边界处的流量驱动，风场采用飓风研究中心（HRD）的热带气旋观测系统测得数据[233]和 NCEP/QSCAT 风场数据[234]。HRD 数据为 1 000 km × 1 000 km 移动“盒状”数据，先插值到计算网格，然后用 NCEP/QSCAT 混合风场进行组合，具体

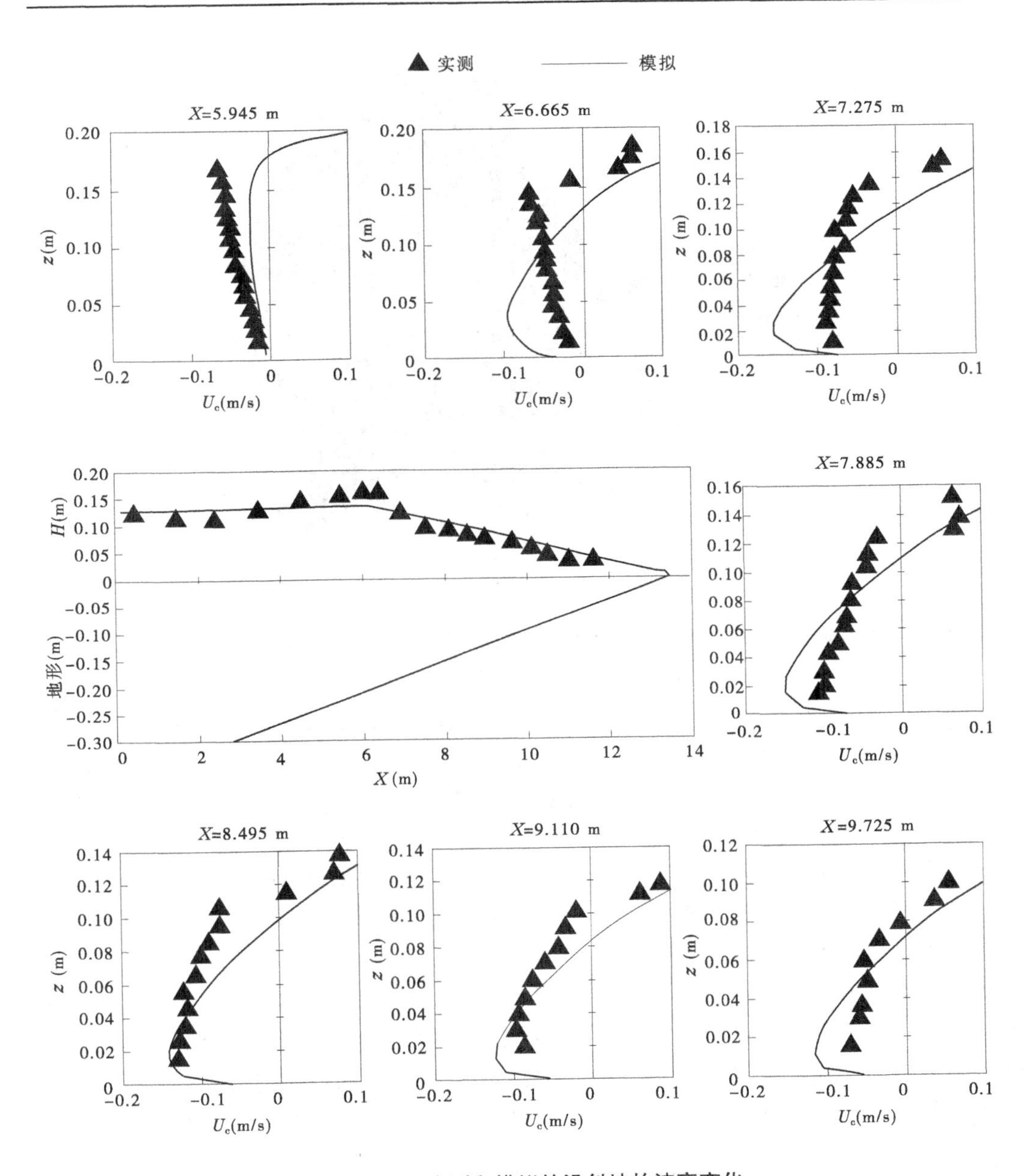

图3-4　实测和模拟的沿斜坡的波高变化

组合方法见2.4.6部分的描述。气压场数据采用分辨率为1.125°的日本25年再分析数据资料[255]。潮位边界加在模型区域的外围处，它由俄勒冈州立大学的TOPEX/Poseidon全球反演数据库[256]提取，边界处的入流条件与出流条件采用文献[257]中提供的数据。

水流模块采用的时间步长为150 s，其中外模时间步长为15 s，波浪模块的时间步长为75 s，在一个水流模块时间步长里调运两次波浪模块。模型从静止开始起动，将温盐场

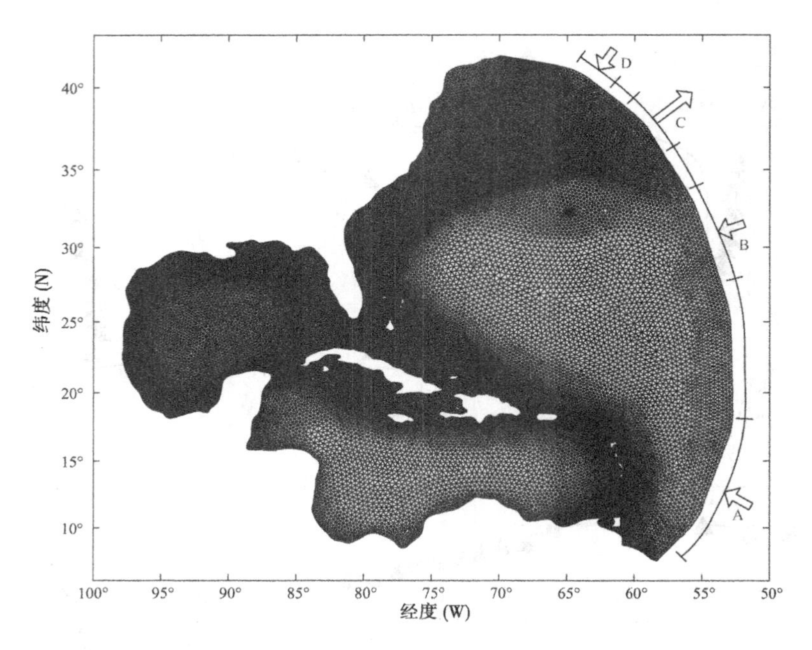

图 3-5　墨西哥湾及美国东海岸模型的计算网格(边界处的入流与出流条件为 $A = 20S_v$, $B = 35S_v$, $C = 93S_v$, $D = 38S_v$)

设为恒定,在风和潮的作用下运行 2 个月,期间不考虑热通量和蒸发通量,这样一来,海水的温度和盐度变化就是由海洋的内部运动造成的。边界处的水位和流速事先被保存,然后加上边界的流量条件。模型计算时采用 24 个计算节点进行并行计算。

潮位是影响飓风发生时最高水位的一个重要影响因素,包含潮汐的作用改进了总水位的模拟结果。Kim 等[107]在模拟 2006 年艾云尼台风期间朝鲜海岸的水位结果时发现包含潮位时要较不包含潮位时的模拟结果精确 10%。在这里我们只给出 M_2分潮的模拟结果与实测结果的分布对比,见图 3-6。

模型通过与 6 个 NDBC(国家浮标资料中心)测站的实测波浪要素进行对比验证,具体的浮标位置见图 3-7。图 3-8 给出了有效波高模拟值与实测值的对比。对于浮标 42001,计算的有效波高 H_S 较实测值要大,浮标 42038 模拟的涌浪较实测值来得要晚。对于其他浮标点,不论是峰值还是峰值时间均与实测值吻合良好。平均波周期 $T_{ave} = E_T(\int_{-\pi}^{\pi} \sigma_\theta E_\theta d\theta)^{-1}$ 的结果见图 3-9,对于浮标 42001 来说,模型计算值与实测值误差很小,其他浮标的偏差在 1 ~2 s 范围内。为了更好地了解模型的模拟结果,采用在 2.4.6 部分中描述的三个参数:模型结果与实测值的平均偏差(*AD*)、归一化的均方根偏差(*NRMSE*)及相关系数(*CC*),对结果进行分析。表 3-1 总结了有效波高和平均波周期的偏差统计值,模型较准确地模拟了飓风期间的波浪要素有效波高和平均波周期,它们的 *AD* 值分别为 0.102 m 和 0.116 s,*NRMSE* 值分别为 0.305 和 0.194,*CC* 值分别为 0.926 和 0.896。

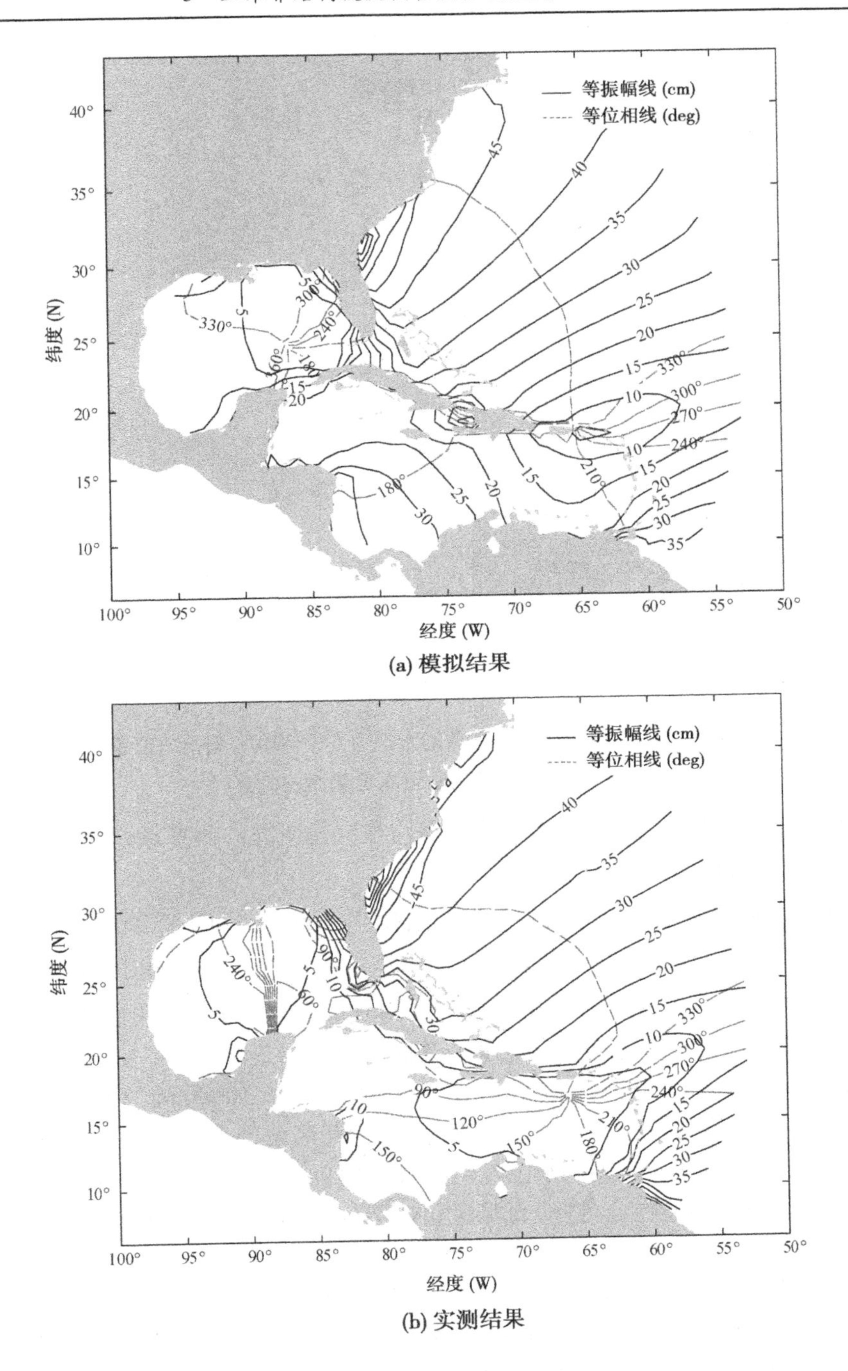

(a) 模拟结果

(b) 实测结果

图 3-6　M_2分潮的振幅和位相的模拟结果与实测结果的对比

虽然在 2.4.6 部分中也模拟了飓风期间的波浪场，但是在模拟波浪的时候没有考虑水流对波浪的影响，且 2.4.6 部分中主要侧重于波浪场的模拟，为了提高波浪场的模拟精度，在网格的布置上和本节采用的网格布置也有所不同，2.4.6 部分在墨西哥湾内的网格

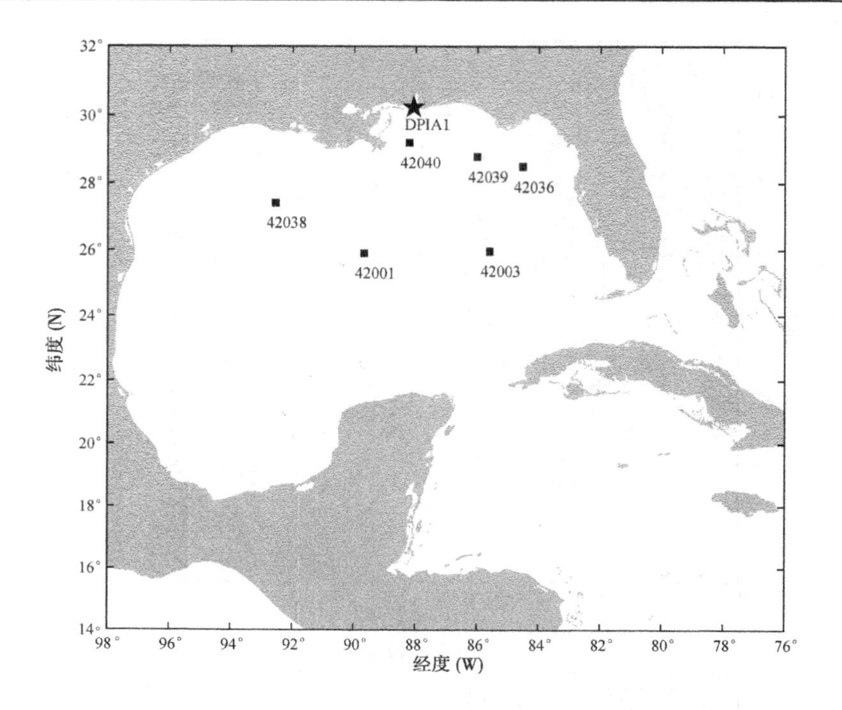

图 3-7　具体的浮标位置(黑色的方形为 6 个 NDBC 测站的位置，五角形代表多芬岛附近水位测站的位置)

分辨率要较本节采用的分辨率大，本节的模型网格针对研究的侧重点，对墨西哥湾暖流路径周围区域进行了网格加密。

有效波高和平均波周期模拟结果与实测数据吻合良好，说明了书中建立的波浪模型可以用于该区域的波浪数值模拟。此外，在多芬岛附近测站处(30°14′54″N，88°04′24″W)，将耦合模型计算的水位与实测数据进行了对比验证，水位实测数据从 NDBC 数据库中提取，时间间隔为 1 h，它是潮汐和涌水的叠加水位。

模型很好地模拟了由风和波浪引起的水位增加，如图 3-10 所示。模拟的峰值较实测值要大，这里需要提醒的是在 8 月 29 日 17 时，由于气候条件太恶劣，缺乏对应时刻水位的实测数据，我们相信这一时刻的水位肯定较前一时间要大。在相对复杂的气候条件下模拟的水位结果与实测值吻合良好，表明建立的耦合模型可以很好地描绘风暴期间的水位变化过程。

为了分析波浪对风暴涌水的影响，表 3-2 给出了几种试验工况，其中水动力模块采用相同的气候条件。首先，第一种工况情况下模型的波浪模块不运行，其中表层拖曳系数采用文献[246]中的方法，而底部拖曳系数的计算采用 FVCOM 模型中的默认模块。然后在其他的工况中采用耦合模式运行，在工况 2 中表底层拖曳系数与工况 1 一样，而工况 3 通过与未考虑波浪效应的工况进行比较研究了波浪对表层拖曳系数的影响。通过工况 3 和工况 4 比较了采用波流耦合方式计算底部拖曳系数对模拟结果的影响，在工况 4 和工况 5 中我们比较了波浪辐射应力对结果的影响。

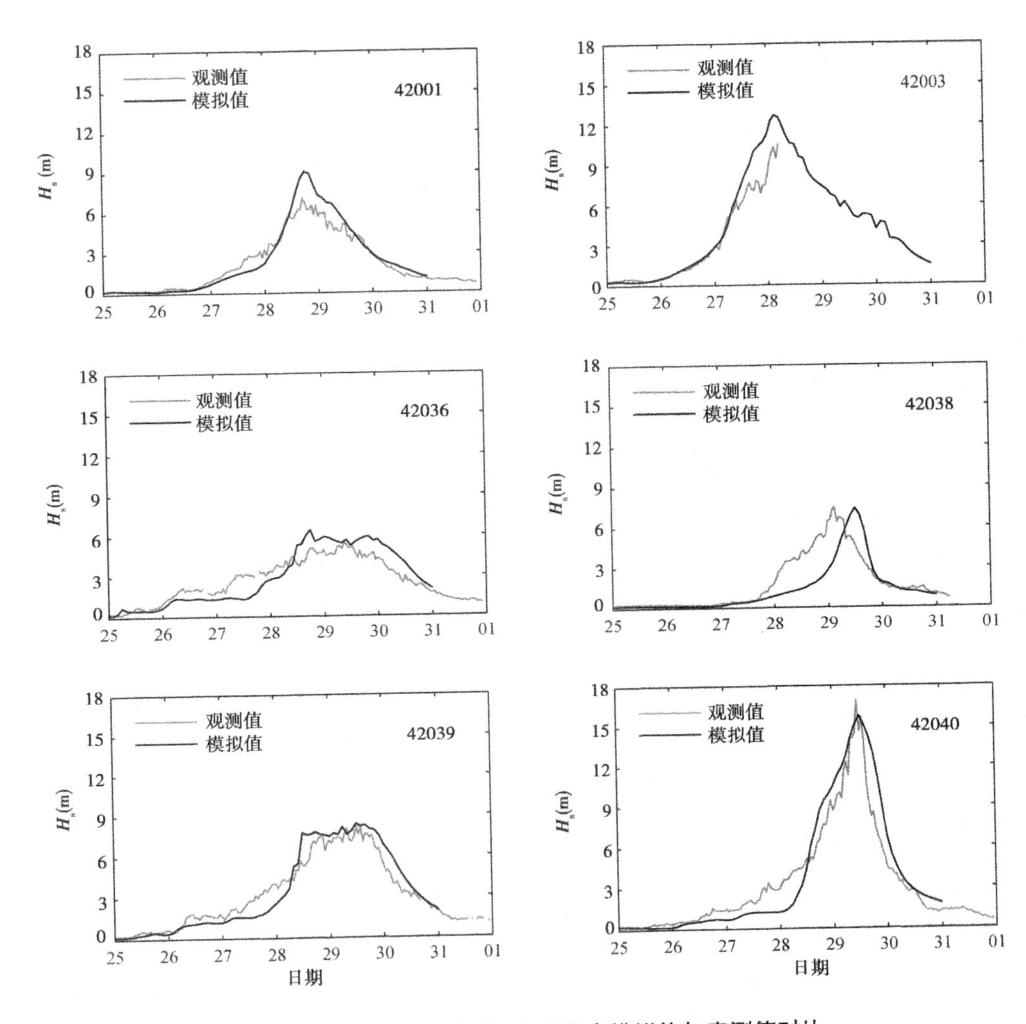

图 3-8　6 个 NDBC 测站的有效波高模拟值与实测值对比

对实测水位与模型模拟水位的结果进行了比较,如图 3-11 所示。通过实测点处的水位与工况 1 和工况 4 下的模拟结果对比可以发现,波浪对飓风期间的水位有明显的影响(见图 3-11(a))。从统计分析结果来看,包含波浪的影响时,水位的 *NRMSE* 值从 0. 301 下降至 0. 257,相关程度从 0. 860 上升至 0. 929。在工况 2 和工况 3 中分别采用了 Oey 等[246]建立的表层拖曳公式和 Donelan[80]的方法求解表层风应力,两者的模拟结果对比见图 3-11(b),可以发现两者结果相近,*AD* 值、*NRMSE* 值和 *CC* 值几乎一致,但是工况 3 的结果较工况 2 的结果更接近实测值(*NRMSE* 值从 0. 266 降至 0. 256,*CC* 值从 0. 896 升至 0. 928),这表明尽管 Oey 等[246]的公式可以用来描述风暴期间的涌水,采用与波浪条件相关的表面应力计算方法能够得到更好的结果。工况 3 与工况 4 的差异很难分辨(见图 3-11(c)),说明波浪引起的底部应力对该区域的水位影响较小,相似的结论见 Sheng 等[258]。在图 3-11(d)中,包含垂向变化的辐射应力改进了模拟结果,与工况 5 相比,工况 4 中的 *AD* 值和 *NRMSE* 值有所降低,*CC* 值有所上升,见表 3-3。

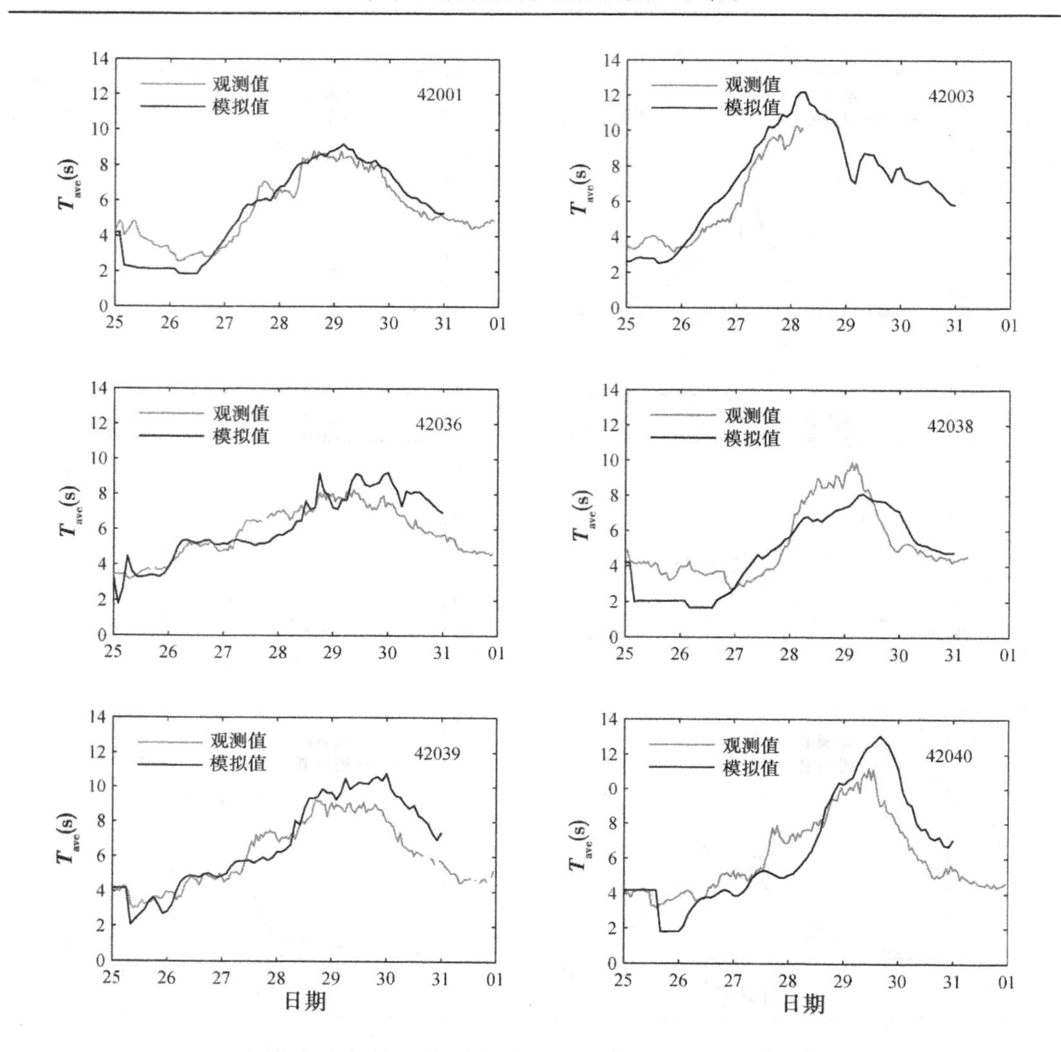

图 3-9　6 个 NDBC 测站的平均波周期模拟值与实测值对比

表 3-1　在 6 个浮标处的有效波高和平均波周期的偏差统计结果

统计指标	42001		42003		42036		42038		42039		42040		平均	
	H_s	T_{ave}	H_s	T_{ave}	H_s	T_{ave}	H_s	T_{ave}	H_s	T_{ave}	H_s	T_{ave}	H_s	T_{ave}
AD	0.174	−0.096	0.563	0.445	0.108	0.220	−0.460	−0.510	0.050	0.482	0.181	0.160	0.102	0.116
NRMSE	0.266	0.148	0.289	0.176	0.282	0.161	0.521	0.249	0.203	0.181	0.275	0.247	0.305	0.194
CC	0.967	0.947	0.989	0.969	0.916	0.861	0.754	0.806	0.964	0.920	0.962	0.877	0.926	0.896

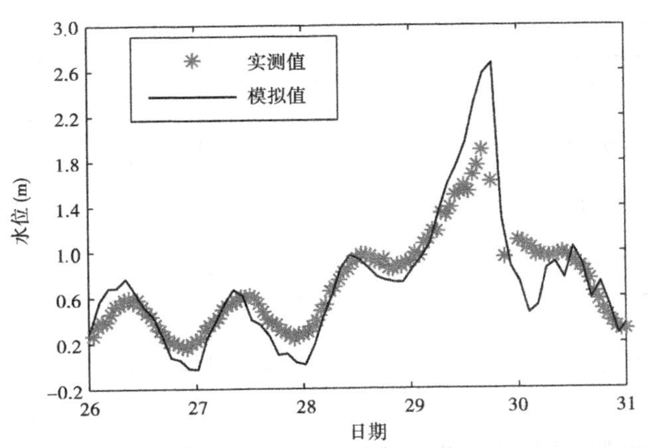

图 3-10　卡特里娜飓风期间多芬岛处的耦合模型水位计算值与实测值对比结果

表 3-2　不同试验工况计算条件

工况	表层拖曳系数	底部拖曳系数	耦合	应力条件		
				风	压力	辐射应力
工况 1	Oey 等[246]	FVCOM 默认	无耦合	o	o	×
工况 2	Oey 等[246]	FVCOM 默认	双向	o	o	o
工况 3	Donelan[80]	FVCOM 默认	双向	o	o	o
工况 4	Donelan[80]	Grant 和 Madsen[82]	双向	o	o	o
工况 5	Donelan[80]	Grant 和 Madsen[82]	双向	o	o	×

(a)

(b)

(c)

(d)

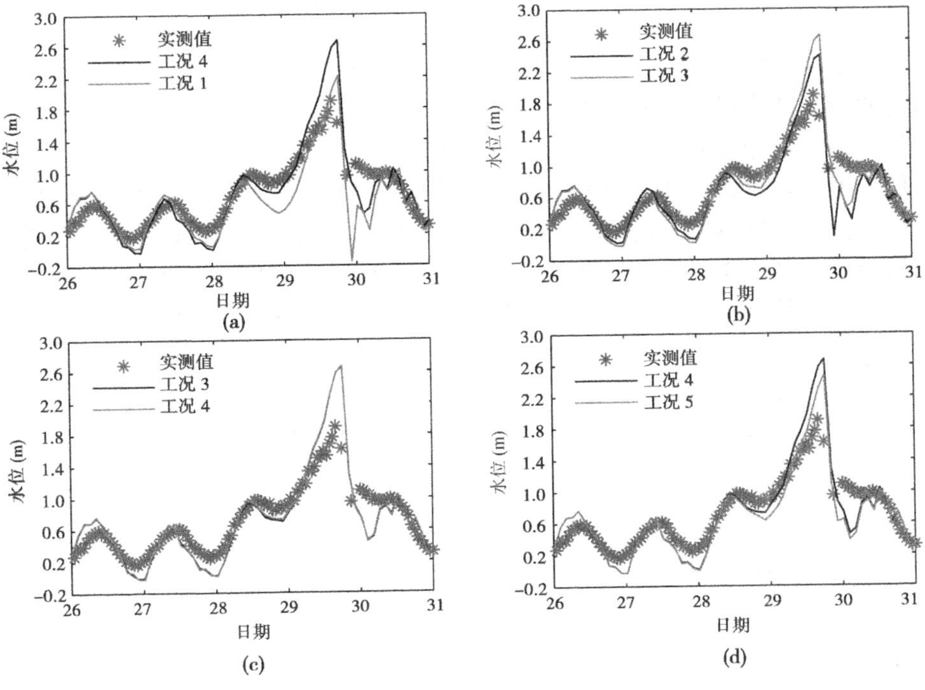

图 3-11　卡特里娜飓风期表 5 种工况条件下多芬岛处耦合模型的实测水位与模型模拟水位对比结果

表 3-3　多芬岛的水位模拟值偏差统计结果

统计指标	工况 1	工况 2	工况 3	工况 4	工况 5
AD	-0.091	-0.045	0.005	-0.001	-0.022
NRMSE	0.301	0.266	0.256	0.257	0.268
CC	0.860	0.896	0.928	0.929	0.902

由于该区域没有更多的水位测站，故只给出了 DPIA1 测站的结果对比。必须要指出的是，书中的结果只是针对多芬岛这一位置，对于其他地方，风应力、底部应力及辐射应力的影响程度可能会有所不同[259]。即使如此，通过比较也可以说明波浪对模拟风暴涌水的影响；此外，还需要进一步对模型进行校验，包括模型对风场数据及波浪相互作用的敏感性，以及单向耦合与双向耦合的不同。

3.3 小　结

在建立的非结构波浪模型基础上，通过修改 FVCOM 模型与建立的波浪模型进行双向耦合。模型耦合过程包含沿水深变化的辐射应力、斯托克斯漂流、波浪生成的压力向平均动量方程的垂向输运、波浪耗散作为紊动能量方程中的源项、水流的对流与波能折射等。

通过两个例子检验了建立的波流耦合模型：斜坡上回流的模拟、卡特里娜飓风在墨西哥湾引起的风暴潮模拟。通过对比实验室和实际海域的实测数据和模拟结果，发现两者吻合良好，说明建立的耦合模型具有很强的适用性。

总体来说，建立的模型作为 FVCOM 模型的扩展，耦合了波浪效应，FVCOM 模型具有的特性均被保留，模型对受风、波浪以及流影响的区域，可以进一步增进模拟的精度。采用非结构网格可以使我们集中于重点研究的区域，此外，模型采用 MPI 技术进行并行化处理，可以在大型计算机上使用；模型可用于河口、近岸的数值模拟研究。

4 渤海环流及影响因素数值模拟研究

应用第3章建立的耦合模型研究了渤海海域的冬、夏季环流结构，模型全面考虑了风、热通量、海洋潮汐和近岸河流淡水排放对渤海冬夏季环流的影响。通过拉格朗日方法估计渤海环流的大体走向，通过这些模拟也可以对理解海洋中的近似保守质（如营养盐、初级生产力）的输运。

4.1 数值模型描述及配置

4.1.1 数值模型描述

数值模型采用三维、自由表面、非结构有限体积波浪耦合模型，模型垂向采用 sigma 坐标系，模型中使用改进后的 Mellor-Yamada 2.5 阶紊流闭合模型[260]和 Smagorinsky 公式[261]分别计算垂向与水平涡黏系数，采用模分离技术求解动量方程。与有限差分和有限元模型不同，它通过对控制方程在每一个非结构的控制体积上进行积分求解，从而得到一组离散方程，通过求解方程得到网格点上的变量。这种方法不仅结合了有限元的网格易曲性与有限差分的计算效率，而且能够保证动量、体积、温盐在整个计算区域的积分守恒。

粒子的运动轨迹通过下述方程求解：

$$\frac{\mathrm{d}x}{\mathrm{d}t}=u,\frac{\mathrm{d}y}{\mathrm{d}t}=v,\frac{\mathrm{d}\sigma}{\mathrm{d}t}=\frac{\omega}{H+\zeta} \tag{4-1}$$

式中：u、v、ω 分别为 x、y、σ 方向的速度分量；H 为基准面到海底的距离；ζ 为基准面到海表面的距离。

ω、w 的关系如下：

$$\omega=w-(2+\sigma)\frac{\mathrm{d}\zeta}{\mathrm{d}t}-\sigma\frac{\mathrm{d}H}{\mathrm{d}t} \tag{4-2}$$

式中：w 为 z 坐标下的垂向速度。

方程(4-1)通过四阶龙格库塔法积分求解，粒子的流速通过对周围最近8个流速点进行双线性插值获得。

4.1.2 数值模型配置

计算区域覆盖37°07′N～41°N，117°35′E～123°14′E。海底地形数据采用中国人民解放军海军司令部航海保证部提供的渤海实测水深数据，采用加权反距离法插值到每个网格节点。为了更好地拟合边界处的地形变化，对岛屿与岸边界附近进行网格加密。水平分辨率在岸线与岛屿周围为3 km，在海湾内部以及开边界处为8～9.5 km，平面网格单元数为5 887，网格节点数为3 200，垂向均分成10个 sigma 层，对应的垂直分辨率在浅于10 m 的近岸为0.2～1.0 m，在60 m 等深线处为6 m。计算区域地形及模型划分的网格见

图 4-1。根据 CFL 条件,外模时间步长取 24 s,内模时间步长取外模的 15 倍。模型从 1991 年 7 月 1 日开始计算到 1992 年年底,取 1992 年的结果进行分析。

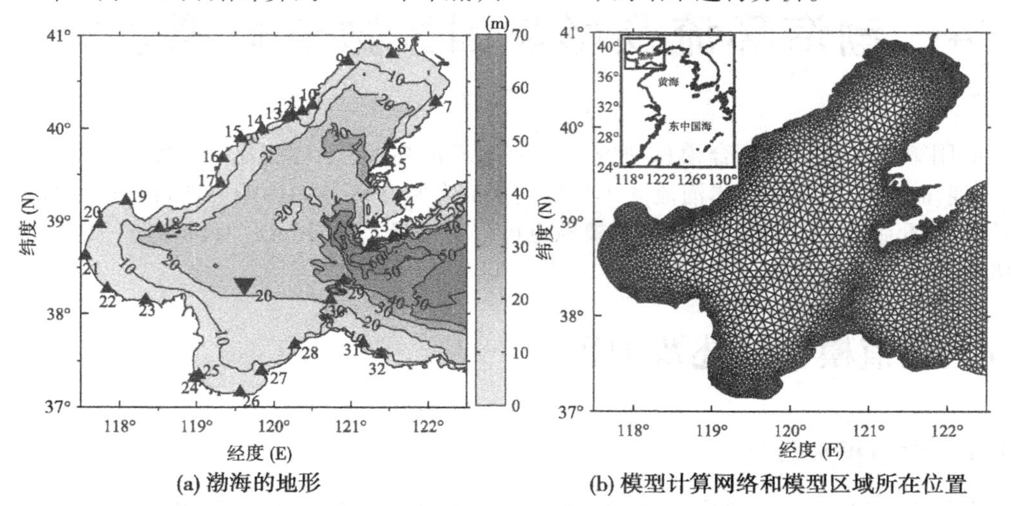

▲旁的数字代表潮位站的编号　▼代表潮流观测点

图 4-1　计算区域地形及模型划分的网格

开边界采用潮位控制,开边界上的各潮波和位相由观测资料绘制的东中国海和黄海的等潮位和位相图确定,并根据北部的大长山(39°16′N,122°35′E)和南部的鸡鸣岛(37°7′N,122°29′E)两个潮位站的分潮调和常数进行适当的调整。温盐的开边界条件采用辐射边界条件并采用张驰逼近技术;在侧边界和海底,温盐的法向梯度为零。考虑了沿岸 7 条河流的淡水排放,入海口位置见图 4-2, 流量数据来自文献[262]。降水量、蒸发

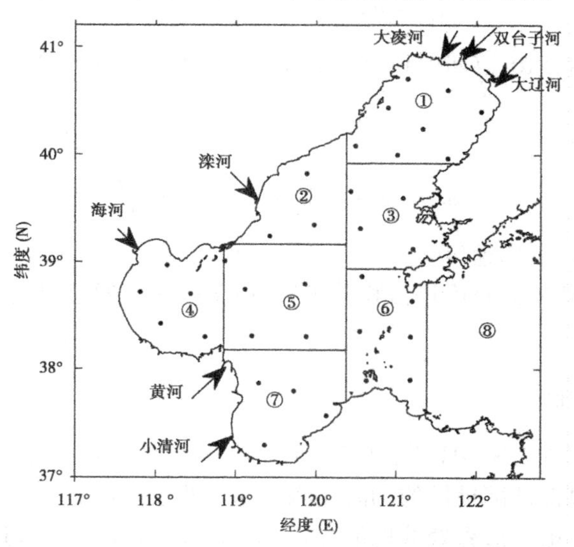

图 4-2　河流入海口位置,初始粒子释放位置以及渤海分区布置

(①～⑧分别代表辽东湾、秦皇岛海域、长兴岛海域、渤海湾、渤海中部、渤海海峡内侧、莱州湾及渤海海峡外侧)

量、云量、空气温度、风、相对湿度采用 NCEP 每隔 6 小时平均的再分析资料并插值到每个网格点，考虑到渤海平均水深较浅，采用文献[263]中的公式计算海表热通量。模型计算采用冷起动，初始水位与流速均为零，初始温度、盐度采用 Levitus 的月平均资料[253, 254]插值到网格节点。

4.2 数值模拟结果

4.2.1 渤海潮汐及潮流

根据每个网格点一年的潮位、潮流模拟值，采用调和分析方法分离出潮位与潮流的调和常数，由于渤海的主要半日与全日分潮分别为 M_2 和 K_1，故本书只对这两个分潮进行分析。图 4-3 给出了 M_2 和 K_1 分潮的等振幅线、同潮时线以及潮流椭圆图，模型再现了 M_2 分

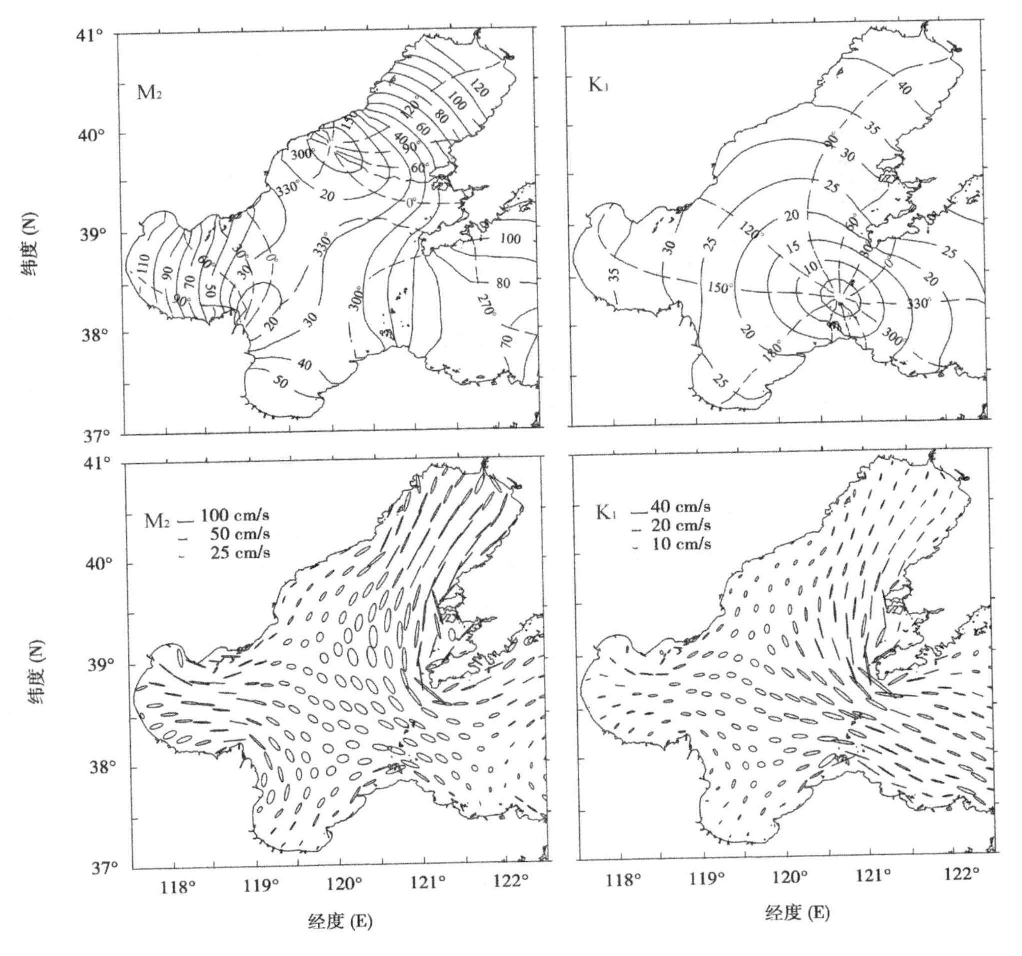

图 4-3 M_2 和 K_1 分潮的等振幅线(实线，单位：cm)和等位相线(虚线，单位：度)(图上)以及潮流椭圆图(图下)

潮位于秦皇岛外海附近与老黄河口附近以及 K_1 分潮在渤海海峡附近的无潮点；从潮流椭圆图可以看出，在老铁山水道、长兴岛附近海域，M_2 潮流较强，这些区域的最大潮流值约为 0.8 m/s，K_1 潮流在老铁山水道处较强，约为 0.3 m/s，导致这里的总潮流也比较强，而在秦皇岛外海 M_2、K_1 潮流均较弱。

32 个潮汐站模型模拟的潮汐调和常数与实测结果对比见图 4-4，此外还计算了图 4-1 中潮流测点处的潮流调和常数，并与观测结果[264]进行对比，对比结果见表 4-1。潮汐、潮流与观测值大小吻合良好，此外潮汐、潮流的平面分布也与实测结果[265]符合良好，说明模型的模拟结果是可信的。

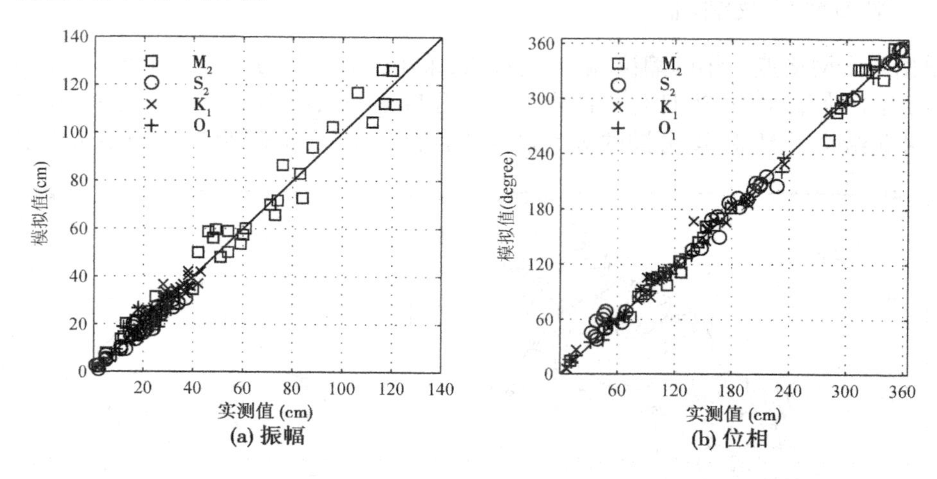

图 4-4 32 个潮汐站潮汐调和常数模拟值与实测值的对比

表 4-1 测站(38°19′39.426″N,119°37′1.546″E)处潮流调和常数模拟值与实测值对比

	分潮	H_U (cm/s)		G_U (°)		H_V (cm/s)		G_V (°)	
		观测值	模拟值	观测值	模拟值	观测值	模拟值	观测值	模拟值
表层	M_2	20.11	22.18	45.51	43.80	31.13	30.88	176.50	169.98
	S_2	4.79	4.94	122.34	131.98	7.38	7.39	236.41	250.65
	K_1	7.03	4.57	49.87	38.60	14.22	12.50	224.70	236.07
	O_1	6.32	4.15	13.94	358.41	8.73	7.48	189.43	171.97
底层	M_2	16.85	15.06	15.46	35.72	25.88	22.78	156.52	165.66
	S_2	4.29	3.14	89.10	115.90	7.23	5.32	214.42	237.30
	K_1	3.22	3.39	52.74	66.15	16.52	10.24	238.84	231.27
	O_1	4.16	2.74	53.37	78.53	13.37	5.62	204.91	169.47

注：H_U、G_U 为北向潮流振幅和位相分量；H_V、G_V 为东向潮流振幅和位相分量。

4.2.2 渤海温盐场

图 4-5 给出了渤海 1992 年 4 个海洋测站的表层温度、盐度模拟值与实测值对比，其

中实测值为每个月的月平均值，温度模拟值与实测值吻合良好，整个模拟时间内温度最大相差小于 4 ℃。由于使用的降水量资料精度不够高，导致模型不能精确地捕捉到盐度的突变，但是整体的变化趋势是合理的，再现了渤海一年内的温盐变化过程。

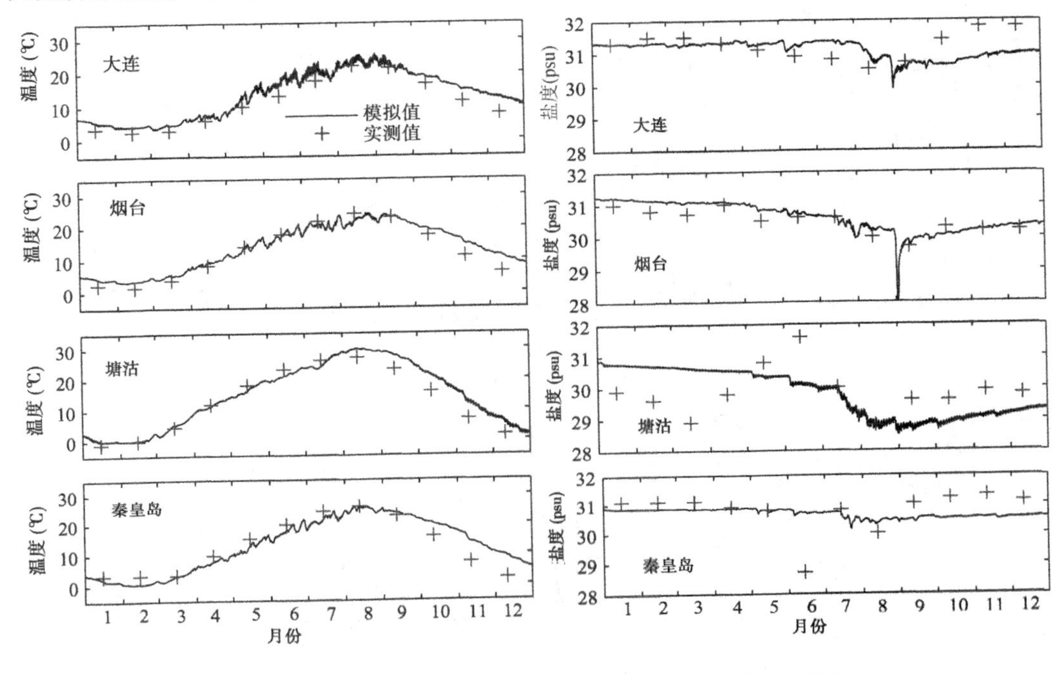

图 4-5　4 个海洋站的表层温度、盐度模拟值与实测值对比

图 4-6 给出了冬、夏季表层温度、盐度的平面分布。从温度模拟结果来看：冬季，三个湾内温度相对较低，在辽东湾湾顶温度低于零度，与辽东湾每年冬季都会结冰这一现象吻合；夏季，三个湾内温度较高，这与水深较浅，热容量小有关，其次在秦皇岛外海附近存在一个高温区，因为该区域潮流较弱（见图 4-3），由潮导致的垂向混合较弱，存在较强的温跃层，这与文献[67]的模拟结果一致。从盐度模拟结果来看：冬季，渤海中部盐度较高，辽东湾、黄河口受入海径流的影响盐度较低，海河、滦河 1992 年因入海流量很小，对盐度分布的影响不大；夏季，黄河入海流量较大，从盐度 30 psu 等值线可以看出，冲淡水低盐锋面向渤海海峡扩展，并有一部分沿着渤海湾南岸深入渤海湾。

4.2.3　冬夏季表层环流结构

水体的拉格朗日追踪不能够描述所有水体质点在空间和时间上的运动。此外，粒子的初始释放位置和释放时间也会对粒子的轨迹产生影响。我们认为通过释放更多的粒子可以改进模拟结果，这里假定本研究中释放的粒子数足够描述海湾里的水体输运。在每个网格中心点释放粒子，并在 1992 年 2 月 1 日至 4 月 1 日和 7 月 1 日至 9 月 1 日期间（分别代表冬季和夏季）追踪这些粒子的运动轨迹，通过追踪粒子的运动轨迹研究了渤海的水体输运情况。

渤海的环流受风的影响较大[65, 66, 266]。受季风的影响，渤海上空的风表现为季节性

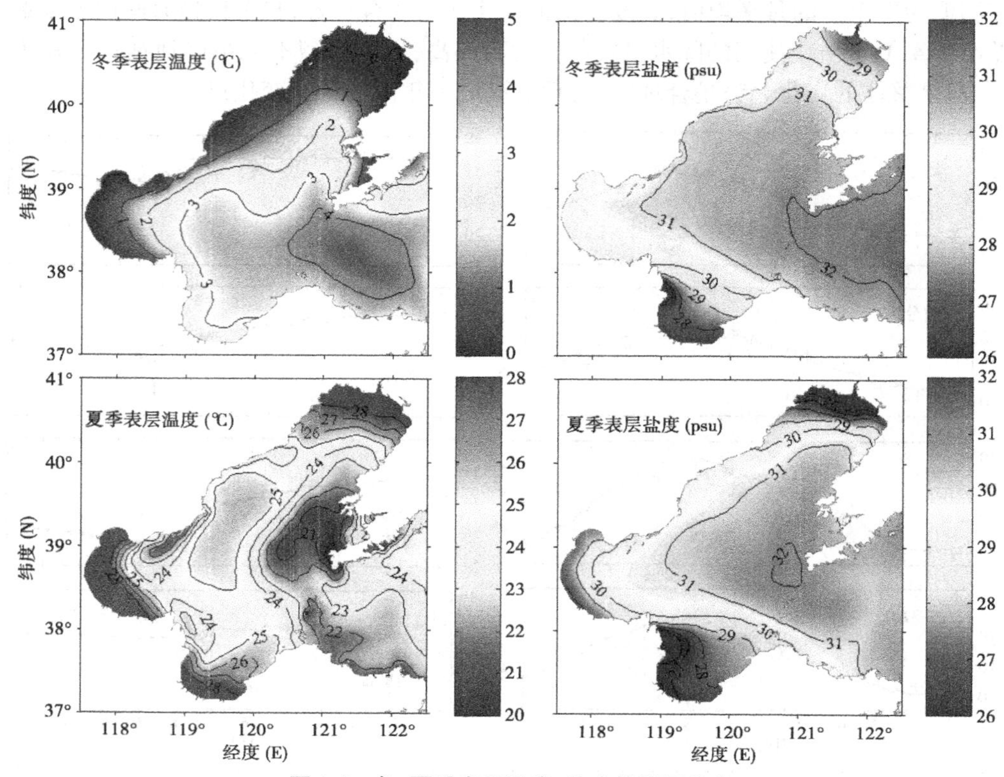

图 4-6　冬、夏季表层温度、盐度的平面分布

变化:在冬季以北风为主,在夏季以东南风为主,如图 4-7 所示。在冬季(2 月至 3 月),整个渤海区域以北风和西北风为主,强度约为 0.4 dyn/cm^2。风应力旋度在东北区域约为 3×10^{-6} N/m^3,在西南区域约为 -7×10^{-6} N/m^3。在夏季(6 月至 7 月),整个渤海区域以东南风为主。

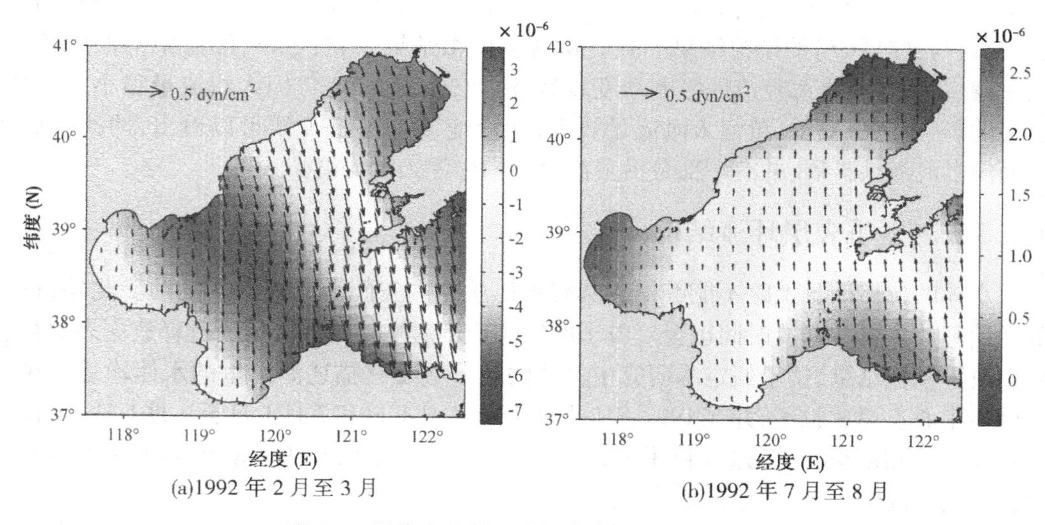

(a)1992 年 2 月至 3 月　(b)1992 年 7 月至 8 月

图 4-7　渤海上空的平均风应力和风应力旋度

通过图 4-8 的粒子输移速度矢量可以了解渤海表层的水体循环。在冬季(见图 4-8(a)),表层粒子经过渤海海峡向渤海外侧输运,在辽东湾存在一个顺时针的环流,这与管秉贤[64]的观测结果吻合。秦皇岛外侧粒子向东南方向移动,与渤海湾北部口门处的顺时针环流汇合向旧黄河口流动。在渤海湾南部口门处呈现一个逆时针的环流,并沿着莱州湾的岸线流动最终经过渤海海峡的南侧流出渤海。在莱州湾、黄河口处和莱州湾中部,粒子的输移距离较长。在黄河口附近释放的粒子沿着莱州湾西岸向南移动,这种现象也可以从图 4-6 的低盐锋面观察到。低盐羽状峰面向莱州湾移动并且受科氏力影响具有向东南方向移动的趋势[267]。渤海中部的粒子先向南移动,后向东南方向移动并最终从渤海海峡流出渤海。在秦皇岛外海和渤海海峡处的粒子输移距离较长。

在夏季(见图 4-8(b)),渤海湾的表层粒子向东移动并经渤海海峡流出。渤海中部的粒子输移路径分成两股:一股与从渤海湾流出的粒子汇合然后从渤海海峡流出;另一股向东北方向移动与辽东湾的粒子汇合形成一个逆时针的环流。在渤海湾、渤海中部及渤海海峡处的粒子输移距离较长。黄河口和莱州湾中部的粒子向东移动,与低盐锋面的运动方向一致。

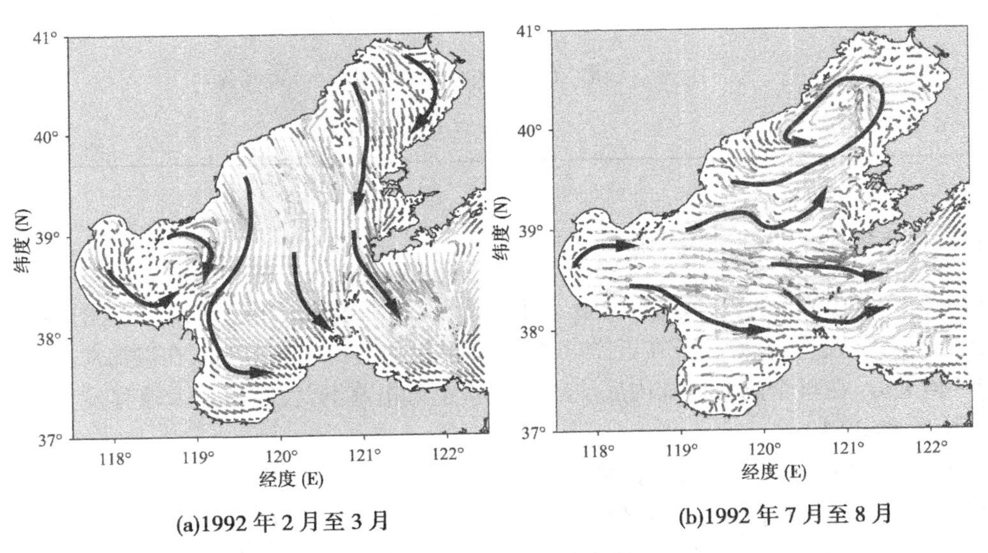

(a)1992 年 2 月至 3 月 (b)1992 年 7 月至 8 月

图 4-8 粒子输移速度矢量

总体来说,通过追踪表层粒子的轨迹得到的模拟结果不仅与前人得到的研究结果一致,而且由于模型中追踪了大量的粒子,在一定程度上还描绘了一个定量的、高分辨率的渤海环流结构特征。

4.3 不同影响因素对渤海环流的影响

为了研究不同影响因素对渤海的冬夏季环流结构的影响,粒子在近表层(水面下 5 m)和底层释放,从 2 月和 8 月开始各追踪一个月。为了既能够反映渤海各个区域的拉格朗日水体输送，又能够方便描绘粒子在一个月内的输移轨迹，在渤海布置了35个点粒子，初始释放位置见图4-2。

采用验证好的模型，设计了6种数值试验，具体见表4-2。其中，工况1为基准工况，它综合考虑了潮流、风、热通量、入海径流的影响，通过工况1与工况2、工况3、工况4的对比可以分别反映风、热通量以及入海径流对渤海拉格朗日水体输送的影响；工况5、6为正压条件下只考虑合成潮及M_2分潮的作用，工况5可以反映潮流对水体输送的贡献，工况5与工况6的对比可以反映单分潮与多分潮作用下水体输送的异同。

表4-2 设计的数值试验

工况	计算条件
1	潮（五个主要分潮合成潮）+风+海面热通量+入海径流
2	潮（五个主要分潮合成潮）+海面热通量+入海径流
3	潮（五个主要分潮合成潮）+风+入海径流
4	潮（五个主要分潮合成潮）+风+海面热通量
5	潮（五个主要分潮合成潮）+入海径流
6	潮（只考虑M_2分潮）

4.3.1 对冬季表层环流影响

冬季6种工况下的表、底层粒子在1个月内的输移轨迹如图4-9所示。从图4-9中可以发现，对于工况1，表层粒子在近岸处的最大输移距离大约为30 km，在渤海海峡南部增加到146 km。在整个渤海范围内底层粒子输移距离相差不大，底层最大输移发生在渤海海峡附近，约32 km。

风对表层环流具有重要影响，通过工况1与工况2的对比揭示了风的影响。在表层，3个海湾内粒子的轨迹在大部分区域相差不大。但是，在某些区域存在显著不同，一个区域是在辽东湾中南部，这里粒子在工况2条件下向辽东湾中部移动，而在工况1条件下向辽东湾东岸移动；一个区域是在秦皇岛外侧，与工况1相比工况2条件下的粒子输移距离显著减小；另外一个区域是在渤海海峡的北侧，与工况1相比，工况2条件下的粒子向内侧移动且输移距离较短。工况1与工况2条件下的底部粒子轨迹差别较小。通过上述分析，我们认识到风对渤海的冬季环流起着重要影响。

当去掉表层热通量时，即工况3，粒子输移轨迹与工况1相比变化很小，表明由温度变化导致的密度变化对粒子输运影响较小，这是由冬季温度梯度较小造成的。

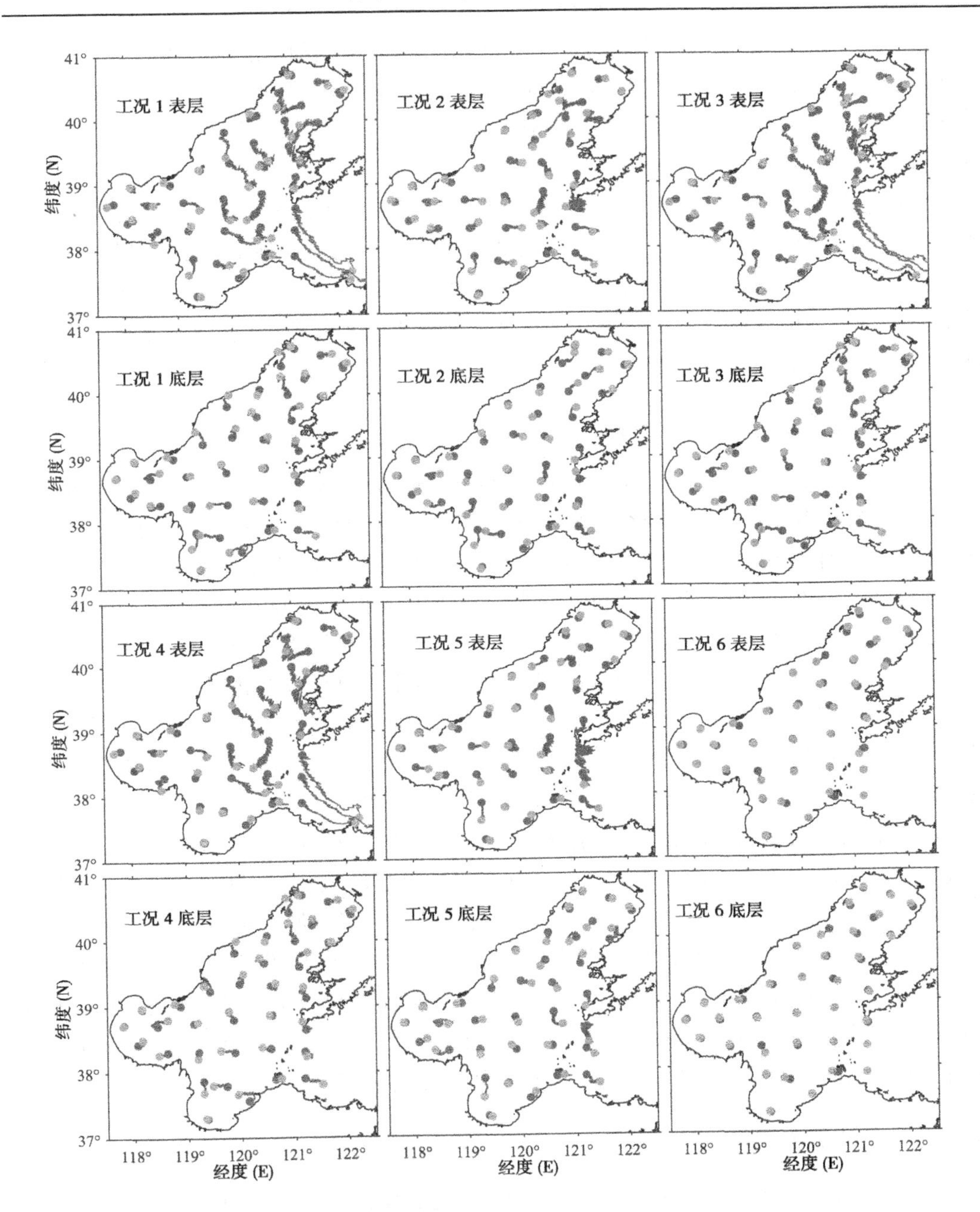

图 4-9　冬季 6 种工况下的表、底层粒子在 1 个月内的输移轨迹

不考虑河流排放，只有黄河口附近的粒子输移轨迹受到影响，粒子在黄河口和莱州湾中部的净输移距离减小。冬季渤海周边的其他河流流量较黄河流量要小很多，对水体的拉格朗日输移影响较小。

在工况 5 中，模型由多个分潮的合成潮和河流驱动，温度和盐度场设为恒定。除在辽东湾和黄河口附近粒子输移路径有所不同外，其他区域粒子的输移轨迹与工况 2 条件下的结果相似。这表明温盐场变化导致的密度流对冬季环流影响较小，环流主要受潮流和风的影响。

当只考虑 M_2分潮时，大部分粒子在 1 个月内的输移距离很小。地形和边界突变导致的非线性效应使得粒子在黄河口附近、辽东湾西侧和渤海海峡两侧的粒子输移距离稍长。与工况 5 相比，粒子输移距离小很多，最长输移距离约为 18 km，换算成拉格朗日余流速度小于 1 cm/s。由此可以得出，虽然 M_2分潮是渤海的主要分潮，仅考虑单分潮的作用不能真实地反映水体的拉格朗日输送。

4.3.2 对夏季表层环流影响

夏季 6 种工况下的表、底层粒子在 1 个月内的输移轨迹如图 4-10 所示。对于标准工况，最长的净输移距离在近岸处约为 80 km，在渤海中部约为 175 km。在整个渤海区域，底层粒子输移距离相差较小，最长输移距离约为 52 km，发生在渤海海峡处。

在工况 2 条件下，表层粒子平均输移距离与工况 1 相近。最大的差别在于在工况 2 下渤海北部区域的粒子向南移动，而在工况 1 下受风生埃克曼输移的影响，粒子向东南方向移动。底层粒子的输移路径与工况 1 相似，表明夏季由风导致的底层水体输运较弱。

在工况 3 条件下表层粒子的输移路程明显减小，但是输移方向相似，这表明夏季热通量增加了粒子的输运，这点与冬季不尽相同。在底部，在渤海湾口和秦皇岛外侧粒子的运动方向有所改变，这可能是这些区域的表层循环较弱所致。

不考虑河流的作用，表层粒子的输移轨迹除了在黄河口和辽东湾区域有所变化，其他区域的粒子运动轨迹几乎没有变化。尽管夏季河流流量较大，但是只对河口处的流速有所影响，对整个渤海区域影响较小。关于河流排放的详细影响见 4.4 小节。

尽管在冬季工况 2 和工况 5 条件下粒子运动轨迹相差不大，但在夏季两种工况条件下的粒子运动轨迹差别较大。工况 5 条件下在渤海中部、渤海海峡、三个海湾的湾口粒子输移距离较小，表明密度环流在夏季起重要作用。在工况 6 条件下，由于仅受 M_2分潮的作用，表底层粒子的输移路径与冬季工况 6 条件下的结果相近。

4.3.3 冬夏季表层环流对比

冬、夏季分布在 7 个区域内的粒子在近表层、近底层的最长净输移距离见表 4-3。表层粒子在 6 种工况作用下的区域平均净输移距离如图 4-11 所示。在标准工况下，夏季的粒子区域平均净输移距离为 96.04 km，换算成余流速度为 3.7 cm/s，约是冬季余流的 2 倍。工况 2 作用下，除了粒子的平均输移路程少了约 20 km，条形图的形状与工况 1 相似。不考虑表层热通量的影响，粒子在冬季和夏季的粒子平均净输移距离接近。在夏季，工况 5 条件下粒子的区域平均净输移距离约为 20 km，仅是工况 2 条件下的 25%，这表明密度流在夏季起主导作用。工况 6 条件下表层粒子的区域平均净输移距离约为工况 5 的

1/3 ~ 1/2，说明在描述渤海环流的时候需要考虑多分潮的作用。

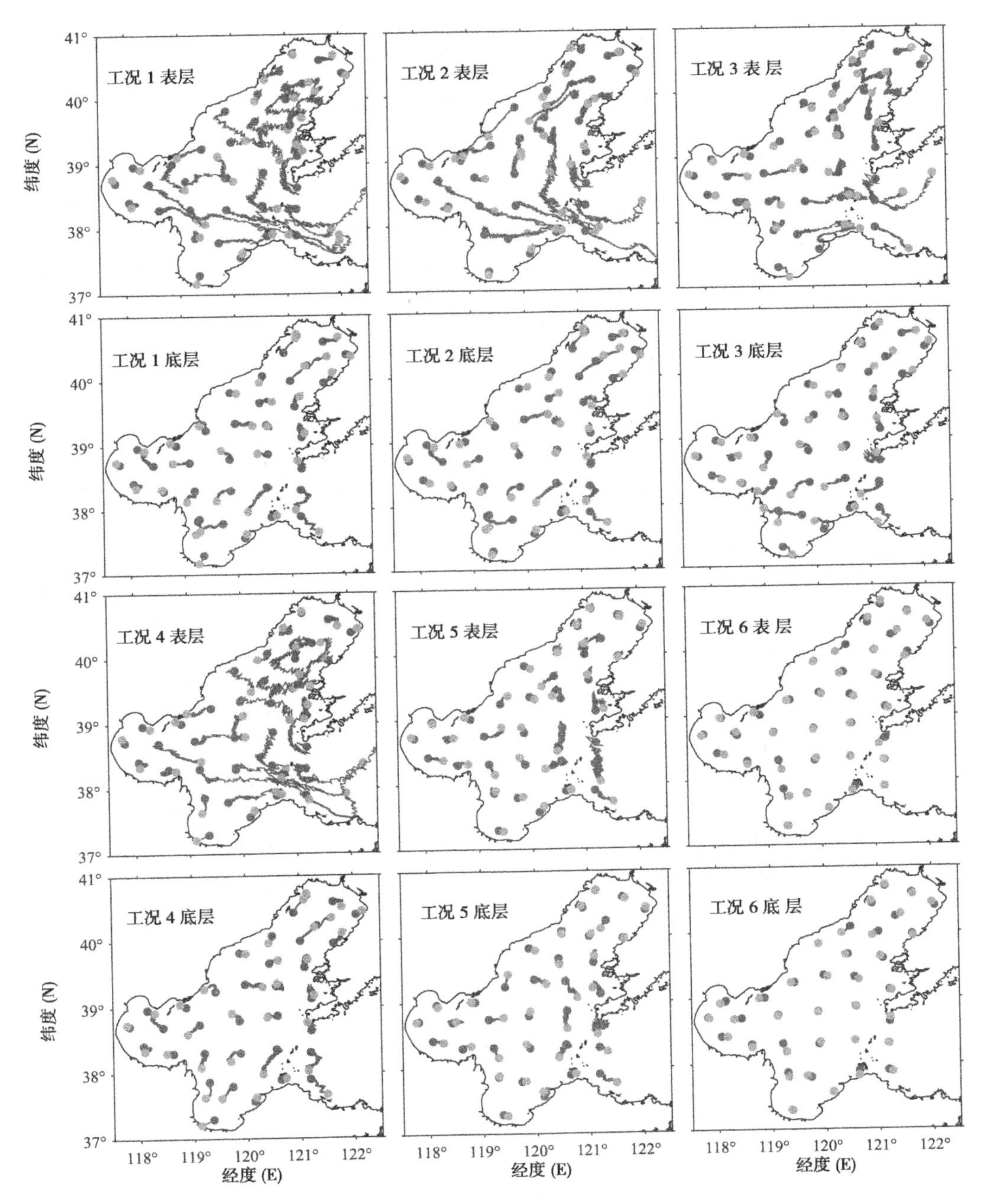

图 4-10 夏季 6 种工况下的表、底层粒子在 1 个月内的输移轨迹

表 4-3　冬、夏季分布在 7 个区域内的粒子在近表层、近底层的最长净输移距离

工况	季节	层面	最长净输移距离（km）						
			①	②	③	④	⑤	⑥	⑦
1	冬季	近表层	31.76	50.63	38.21	22.15	54.98	146.83	28.40
		近底层	31.03	25.14	28.46	18.80	29.06	31.98	30.62
	夏季	近表层	40.38	83.86	70.82	113.94	175.04	139.06	89.58
		近底层	35.00	28.09	19.73	28.65	28.93	52.30	39.95
2	冬季	近表层	46.86	19.50	25.95	12.72	28.30	39.98	25.66
		近底层	26.99	16.08	22.31	23.65	25.53	29.56	27.30
	夏季	近表层	86.06	65.06	55.39	105.84	140.70	127.90	80.72
		近底层	52.72	39.05	18.85	28.52	23.20	47.28	39.70
3	冬季	近表层	37.55	66.31	38.93	21.56	59.95	158.13	28.81
		近底层	35.24	25.49	28.64	23.27	26.70	39.91	34.43
	夏季	近表层	45.67	15.40	42.93	32.52	72.92	104.67	80.28
		近底层	22.81	18.40	19.33	16.74	37.92	37.44	41.37
4	冬季	近表层	31.78	51.37	38.09	21.10	60.95	146.68	13.48
		近底层	33.77	20.32	28.45	19.79	23.14	31.13	22.42
	夏季	近表层	27.91	85.16	79.48	75.66	185.14	148.74	79.89
		近底层	33.06	28.48	14.46	28.34	25.79	46.96	27.21
5	冬季	近表层	24.02	11.12	67.00	20.81	22.72	35.06	30.65
		近底层	18.09	17.58	19.86	22.57	11.77	26.10	30.85
	夏季	近表层	31.89	18.37	25.98	25.21	31.76	45.85	13.08
		近底层	15.93	21.35	32.87	17.69	23.75	31.88	8.45
6	冬季	近表层	18.19	4.29	8.04	10.82	16.76	12.72	8.59
		近底层	16.68	4.50	8.04	6.42	13.65	10.63	9.00
	夏季	近表层	20.31	5.42	7.22	11.40	16.12	14.13	15.70
		近底层	17.33	6.47	7.46	11.96	14.36	8.70	7.63

注：①～⑦分别代表辽东湾、秦皇岛外海、长兴岛海域、渤海湾、渤海中部、渤海海峡内侧和莱州湾。

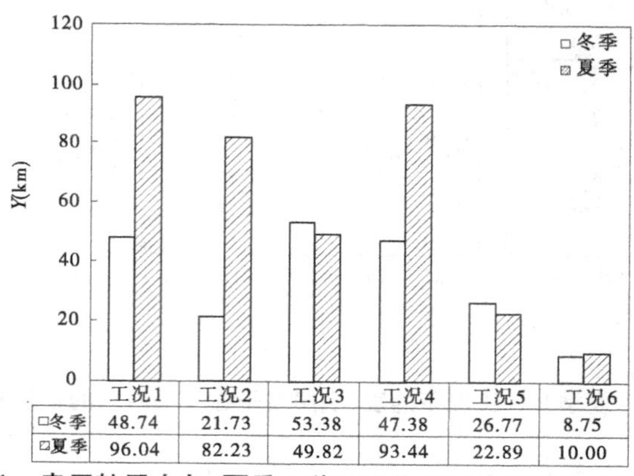

图 4-11　表层粒子在冬、夏季 6 种工况作用下的区域平均净输移距离

4.4 河流对渤海环流的影响

为了描述河流对冬、夏季环流的影响，图 4-12 给出了黄河口和辽河口附近的表层盐度和余流分布。余流的计算采用冬、夏季各 60 d 的潮流平均。

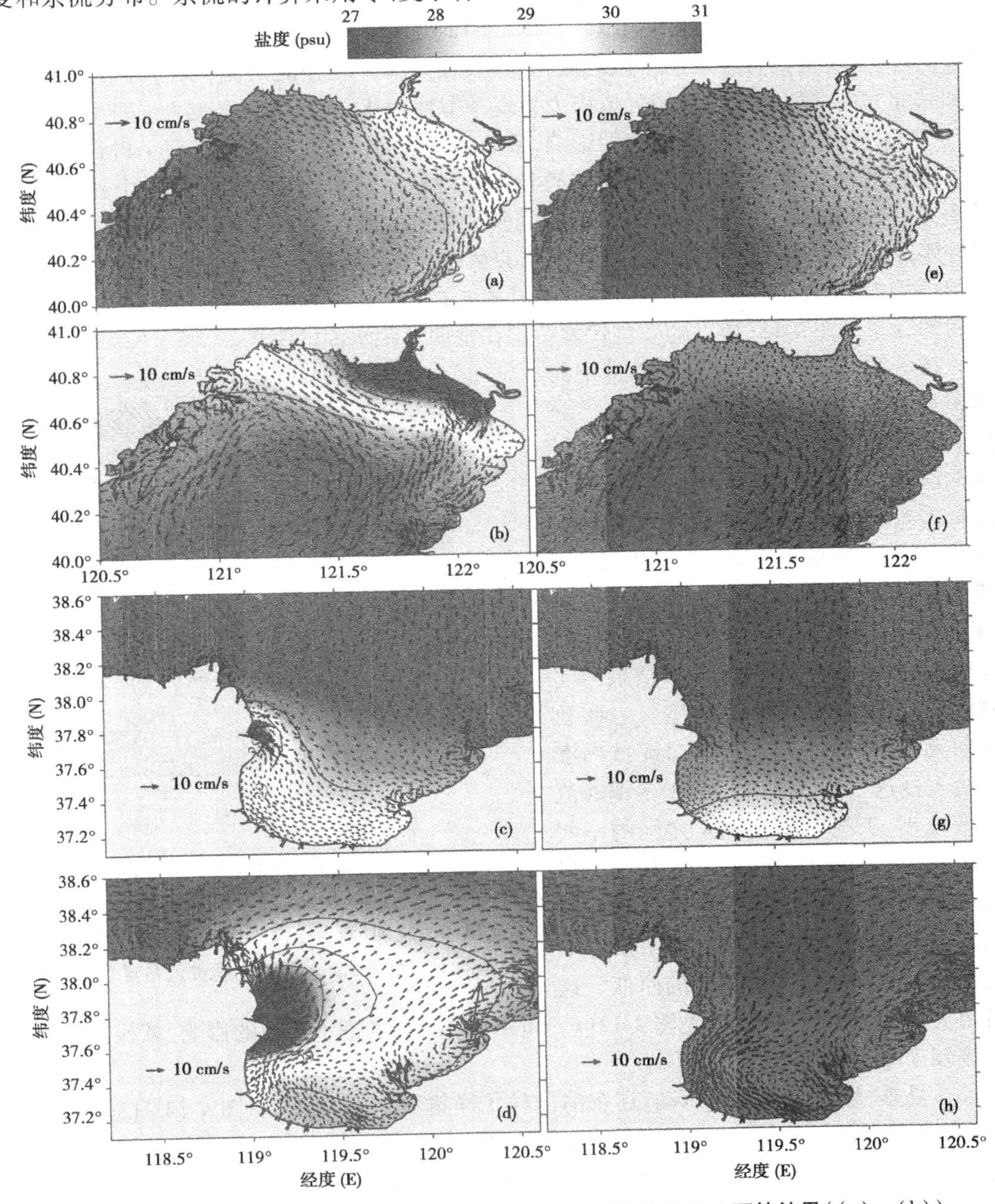

图 4-12 工况 1 条件下计算的表层盐度及余流场(a)～(d)和工况 4 下的结果((e)～(h))；(a)、(c)、(e)、(g)，(b)、(d)、(f)、(h)分别为冬季和夏季计算的表层盐度场、余流场

度和余流分布。余流的计算采用冬、夏季各 60 d 的潮流平均。

结果表明，在辽东湾和莱州湾存在明显的环流。辽东湾的环流分三个区域：一支沿着西岸向南移动，一支沿着北岸和东岸向南移动，湾中央水体向东南方向移动。由于夏季河流流量较冬季大，在夏季形成了一个明显的低盐锋面（见图 4-12(b)）。除余流速度稍大外，图 4-12(a) 与图 4-12(b) 相似。工况 1 条件下的冬、夏季结果（见图 4-12(a) 和图 4-12(b)）与工况 4 下的结果（见图 4-12(e) 和图 4-12(f)）相近。在莱州湾的湾顶形成一个顺时针的环流，黄河的存在削弱了该环流，并导致在河口处较强的余流，别的区域余流指向东和东北方向。尽管渤海海域的风应力呈现季节性变化，河口处的余流方向较为稳定。

为了进一步研究环流受河流的影响，采用不考虑河流的工况 4 与工况 1 进行对比，对河口附近区域进行重点研究。在辽东湾和莱州湾靠近河口附近释放 4 000 个粒子，布置见图 4-13。垂向上，在每个 sigma 层的中间释放粒子。粒子从 2 月 1 日和 7 月 1 日开始释放并跟踪两个月用以分别描述冬季和夏季的情况。工况 1 和工况 4 条件下，粒子在 2 月中旬、3 月初、3 月中旬和 3 月下旬的分布见图 4-14，在 7 月中旬、8 月初、8 月中旬和 8 月下旬的分布见图 4-15，质点的颜色代表粒子在垂向上距水面的距离。

在冬季，辽东湾的粒子在 2 月中旬到 3 月末这期间的输移距离较小，至 3 月末许多粒子仍在 40°N 纬线以上（见图 4-14）。在莱州湾，表层粒子向东南方向移动，底层粒子首先向北，然后向东北方向移动，形成一个顺时针的环流，底部粒子的头部在 3 月末到达秦皇岛外海（见图 4-14(b) 和图 4-14(f)），这种现象是因补偿表层流场所致，模拟结果与实测海底的沉积物分布一致[265]，一些粒子向渤海湾移动，这与黄河口泥沙向渤海湾入侵这一现象吻合。由于冬季河流流量较小，工况 1 与工况 4 之间的不同可以忽略。但是从图 4-14(d) 和图 4-14(h) 来看，在工况 1 条件下大部分粒子向莱州湾东部移动，而在工况 4 条件下大部分粒子仍停留在莱州湾的西部。这可由表层的余流进行解释，见图 4-12(c) 和图 4-12(g)，考虑了黄河的影响，莱州湾沿岸的余流较未考虑黄河影响时要小。

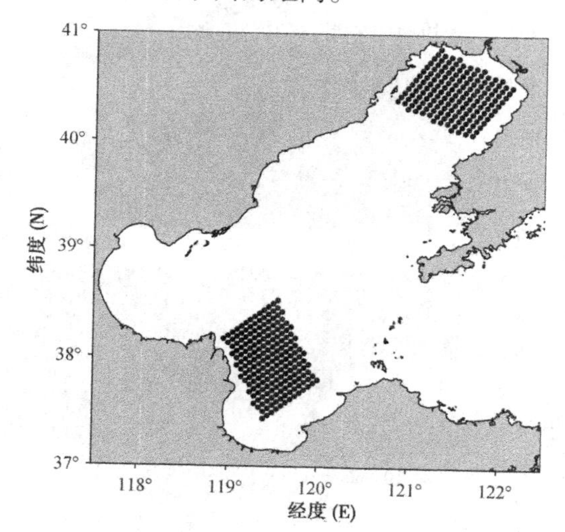

图 4-13　辽东湾和莱州湾靠近河口粒子布置（黑点代表在黄河口附近区域和大辽河、双台子河附近区域释放的粒子，垂向上在每个 sigma 层的中间位置布置粒子）

在夏季，经过半个月的运动，辽东湾的粒子净输移距离较长，与图 4-14(a) 和图 4-14(e) 形成强烈对比。与辽东湾的粒子输移距离较长不同，莱州湾的粒子仍保持初始的方形。经过一个月的运动，辽东湾的粒子继续沿湾西岸呈逆时针运动，头部粒子越过 40°N 纬线。莱州湾的粒子遍布整个莱州湾，与工况 4 相比，工况 1 条件下的粒子运动距离更长，见图 4-15(b) 和图 4-15(f)。随着时间推移，粒子继续按上面的趋势运动，2 个月后辽

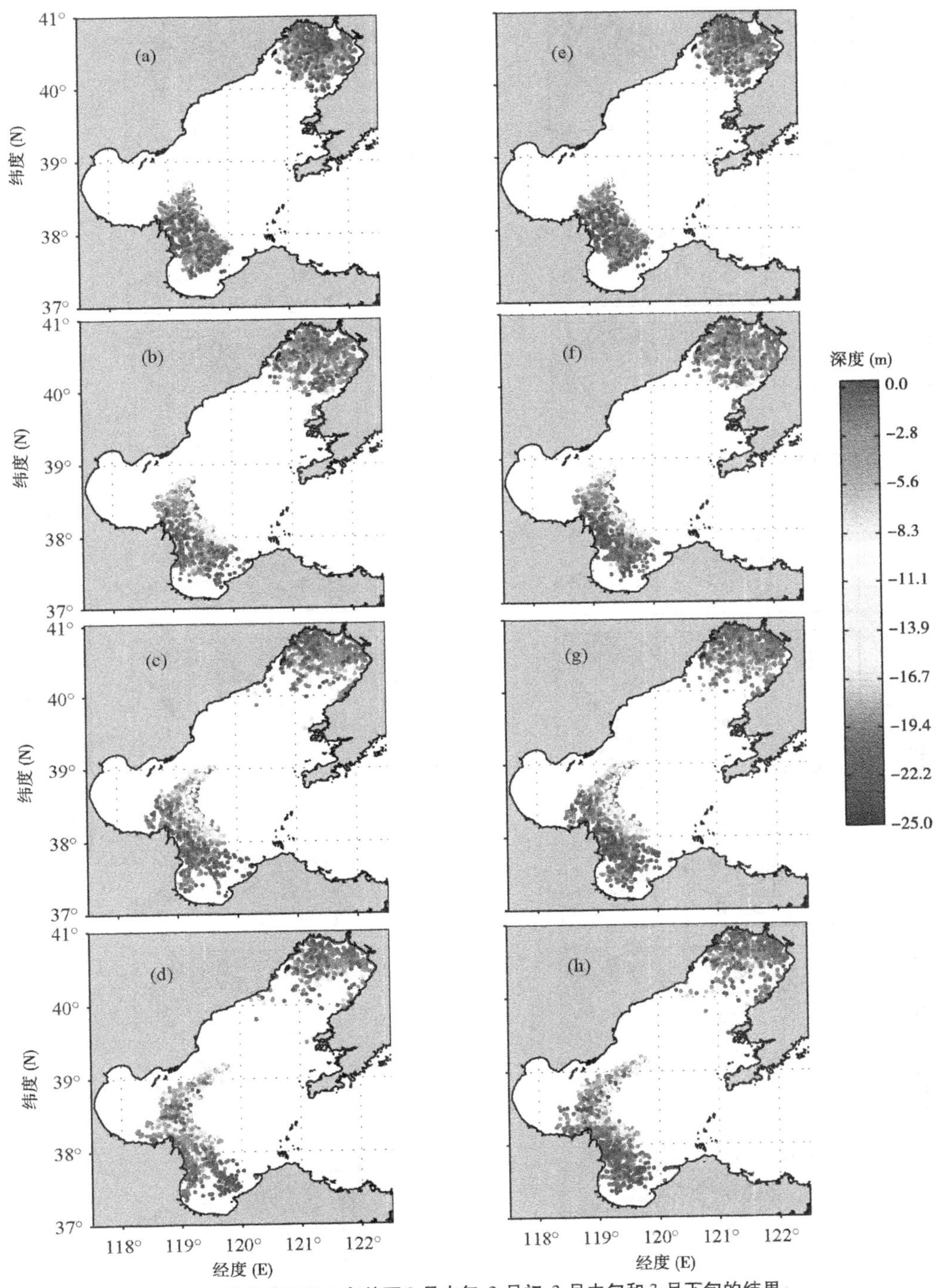

(a)~(d)代表工况1条件下2月中旬、3月初、3月中旬和3月下旬的结果；
(e)~(h)代表工况4条件下对应时间的结果)

图4-14　冬季粒子的分布(颜色代表粒子所处的深度)

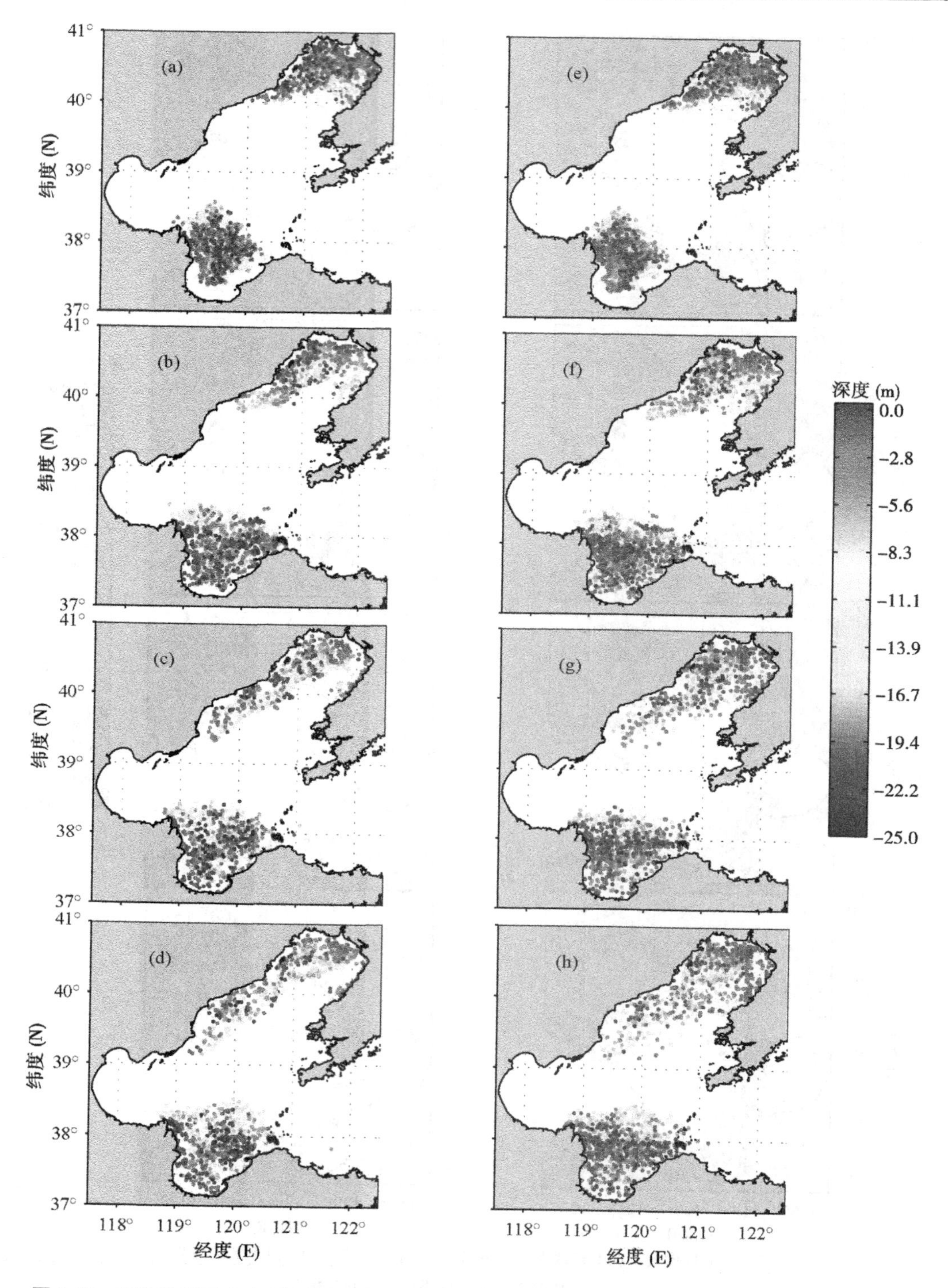

图 4-15　夏季粒子的分布(颜色代表粒子所处的深度。(a)～(d)代表工况 1 条件下 7 月中旬、8 月初、8 月中旬和 8 月下旬的结果;(e)～(h)代表工况 4 条件下对应时间的结果)

东湾的头部粒子越过 39°N 纬线，而莱州湾释放的粒子仍分布于莱州湾内。对比图 4-15(d)和图 4-15(h)，粒子的分布很相似，但还是存在一些不同，在工况 1 条件下黄河口附近的大部分粒子向东北方向移动，而在工况 4 条件下大部分粒子仍在黄河口附近运动。此外在辽东湾，工况 1 条件下的粒子向西岸移动而工况 4 条件下的粒子分布于整个湾内。这些分布特征与夏季河流淡水排放形成的强密度流有关。

4.5 小 结

采用三维非结构有限体积数值模型建立了渤海高分辨率数值模型。模型采用的非结构网格可以很好地拟合渤海不规则的岸线边界，综合考虑了潮、风、热通量、蒸发、降水以及河流淡水排放的影响。模拟的潮汐、潮流、温盐与实测结果吻合良好，成功地再现了一年内的水动力及温盐变化过程。

通过拉格朗日法研究了 1992 年的渤海冬、夏季环流。模拟结果表明，夏季环流较冬季环流强，夏季表层平均余流速度约 3.7 cm/s，冬季值约为 1.8 cm/s。在冬季，辽东湾存在一个顺时针的环流，在夏季存在一个逆时针的环流。冬季渤海湾存在一个双涡结构，北部为逆时针而南部为顺时针结构，海水从渤海湾中部流出。与渤海中部、渤海海峡处存在明显的三维结构相比，三个湾内的表、底层差别较小。

通过一系列的数值试验研究了多种因素对渤海环流结构的影响。模拟结果表明，风对冬季和夏季环流均有重要影响，密度环流在夏季影响较大，在冬季影响可以忽略。此外，河流排放只对河口附近的环流结构有所影响。与表层热通量和风应力相比，潮流的作用在夏季很小，只考虑单分潮的作用将不能反映渤海的实际环流。

虽然拉格朗日结果仅定性地描述了渤海的环流，但是通过追踪粒子的运动轨迹可对渤海的环流结构有一个总体认识，而且可以更好地认识渤海环流的主驱动力。

5　渤海海峡溢油数值模拟研究

本章基于粒子追踪方法建立了一个三维溢油输移、归宿模型，用以模拟溢油的对流、扩展、紊动扩散、挥发、乳化及溶解等过程。在水平方向上采用随机走动方法模拟紊动扩散，垂向扩散则通过 Langeven 方程进行求解。为了更精确地提供水动力条件，系统耦合了三维非结构有限体积波流耦合数值模型。为了说明采用非结构耦合模型提供水动力场的优越性，与差分模型模拟结果进行比较。最后应用建立的模拟系统对渤海海峡发生的溢油事故进行了模拟。

5.1　三维溢油模拟系统建立

三维溢油模拟模型包含了两个模块：水流模块与输移 - 归宿模块。模型的整体计算框架见图 5-1。模型中采用的水流模块，即第 3 章建立的非结构有限体积波流耦合模型，接下来对输移 - 归宿模块进行介绍。

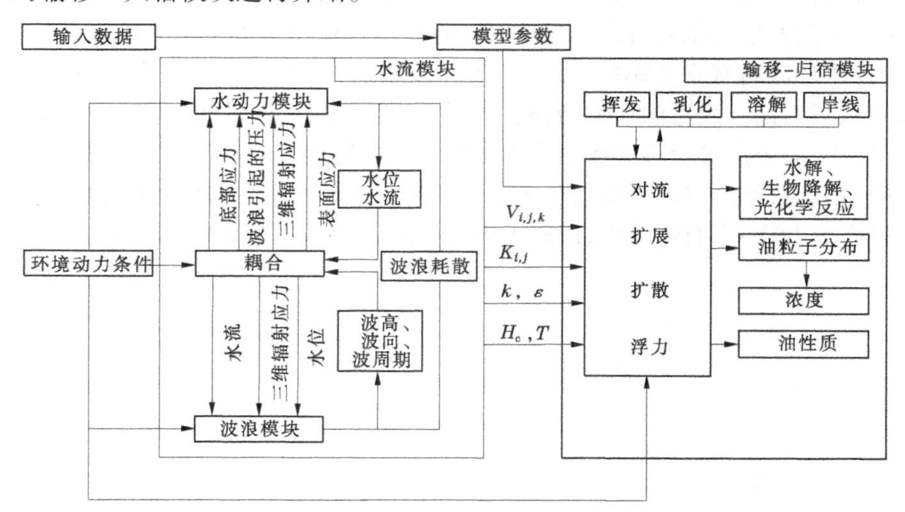

图 5-1　溢油模拟模型的整体计算框架

溢油的输移采用拉格朗日粒子追踪法模拟，即溢油在海面上离散成大量的油粒子，粒子在$\langle u(x,y,z,t)\rangle$，$\langle v(x,y,z,t)\rangle$，$\langle w(x,y,z,t)\rangle$，上浮速度 u_L 以及紊动速度 $u'(x,y,z,t)$，$v'(x,y,z,t)$，$w'(x,y,z,t)$的作用下进行运动。粒子的坐标 X、Y 和 Z 可由下式计算：

$$\frac{\mathrm{d}X}{\mathrm{d}t}=\langle u\rangle+u',\frac{\mathrm{d}Y}{\mathrm{d}t}=\langle v\rangle+v',\frac{\mathrm{d}Z}{\mathrm{d}t}=\langle w\rangle+w'+u_{\mathrm{L}}\tag{5-1}$$

式中：$\langle u\rangle$、$\langle v\rangle$和$\langle w\rangle$为油粒子的时均速度，受到风、潮流和波导流的影响；u'、v'、w'为油

粒子的脉动速度,代表油粒子的紊动扩散过程;u_L 为油粒子在浮力作用下的上升速度。

输移介质的平流速度是潮流、风生流和波导流共同作用下的合成流,可由式(5-2)表示[268]:

$$\left.\begin{aligned}\langle u\rangle &= \alpha_w M u_w + \alpha_c u_c + u_{wave}\\ \langle v\rangle &= \alpha_w M v_w + \alpha_c v_c + u_{wave}\\ \langle w\rangle &= w_c\end{aligned}\right\}\tag{5-2}$$

式中:u_w、v_w 为海面 10 m 高处的风速;u_c、v_c、w_c 为表层流速,可以从水动力模块获得;u_{wave} 为波导流;α_w 为风飘移因子,通常可以取 0.03;α_c 为表面流速对油膜迁移的影响因子,这里取 1.1。

值得注意的是,在水动力模块里 $U = u_c + u_{wave}$,所以 $\alpha_c v_c + u_{wave}$ 可近似由 $\alpha_c U$ 替代,M 为风转化矩阵[268]

$$M = \begin{pmatrix}\cos\varphi & \sin\varphi\\ -\sin\varphi & \cos\varphi\end{pmatrix}\tag{5-3}$$

其中,φ 取值与风速有关,当 $0 \leqslant \sqrt{u_w^2 + v_w^2} \leqslant 25$ m/s 时,$\varphi = 40° - 8\sqrt[4]{u_w^2 + v_w^2}$;当 $\sqrt{u_w^2 + v_w^2} > 25$ m/s 时,$\varphi = 0$。

水平扩散通过随机走动法进行模拟。采用各项同性假定,则每个时间步长内,油粒子水平方向的紊动扩散公式如下[269]:

$$u' = \xi\sqrt{4A_h/\Delta t}\sin(2\pi\theta),\quad v' = \xi\sqrt{4A_h/\Delta t}\cos(2\pi\theta)\tag{5-4}$$

式中:ξ 为标准正态分布的随机数;θ 为 0~1 区间内均匀分布的随机数;A_h 由 Smagorinsky 涡黏公式进行计算。

垂向的扩散过程通过求解 Langeven 方程进行模拟:

$$\frac{\mathrm{d}w'}{\mathrm{d}t} = -\alpha w'(t) + \lambda\xi(t)\tag{5-5}$$

其中,系数 α、λ 可由随机过程 $w'(t)$ 的协方差和方差进行求解。

Langeven 方程和马尔可夫链的关系如下:

$$w'(t+\Delta t) = \mathrm{e}^{(-\Delta t/T_L)}w'(t) + (1-\mathrm{e}^{(-2\Delta t/T_L)})^{1/2}\psi\xi(t) + (1-\mathrm{e}^{(-\Delta t/T_L)})T_L\frac{\partial\psi^2}{\partial z},\quad w'(0) = 0\tag{5-6}$$

式中:ψ 为脉动速度的均方根;T_L 为拉格朗日积分的时间尺度

$$\psi^2 = c_0 k,\quad T_L = \frac{c_\mu}{c_0}\frac{k}{\varepsilon}\tag{5-7}$$

其中,经验常数 $c_\mu = 0.08$,$c_0 = 0.3$;紊动动能 $k = q^2/2$,紊动耗散率 $\varepsilon = 1.35q^3/l$,q、l 由水动力模块提供。如此,式(5-5)和式(5-6)可以模拟油粒子的垂向扩散过程[130]。

油膜在波浪,尤其在破碎波的作用下,以微滴的形式进入水体内部。油膜的入水率[270]为

$$\lambda_{ow} = \frac{\pi k_e \gamma H_s}{8\alpha T L_{ow}}\tag{5-8}$$

式中:k_e 为经验系数,取值范围为 0.3~0.5;T 为平均波周期;γ 为衰减系数;H_s 为有效波

高；α 为油粒子混合深度系数；L_{ow} 为垂向尺度，取决于破碎波的类型。

进而得到油粒子的入水概率

$$P_s = 1 - \exp(-\lambda_{ow}\Delta t) \tag{5-9}$$

波浪作用下油滴的入水深度[271]为$(1.35+0.35(2\theta-1))H_s$，其中 θ 为 0 ~ 1 区间内均匀分布的随机数。

入水油滴所受到的浮力，取决于它们本身的尺寸、海水黏性及油水密度差。油滴的尺寸影响其上升速度，区分大油滴和小油滴的临界直径可由下式给出[132]：

$$d_c = \frac{9.52\nu^{2/3}}{g^{1/3}(1-\rho_o/\rho_w)^{1/3}} \tag{5-10}$$

对于小油滴($d_i < d_c$)，上升速度由斯托克斯定律给出：

$$u_{LS} = gd_i^2(1-\rho_o/\rho_w)/18v \tag{5-11}$$

对于大油滴($d_i \geqslant d_c$)，上升速度由雷诺定律给出：

$$u_{LR} = \sqrt{\frac{8}{3}gd_i(1-\rho_o/\rho_w)} \tag{5-12}$$

式中：ν 为海水黏性；ρ_o、ρ_w 分别为油和海水的密度。

Delvigne[271]通过一系列试验发现，在自然条件下垂直扩散的油滴尺寸的分布类型比较接近于正态分布。油滴尺寸分布采用正态分布，油滴的平均直径取 250 μm，均方差取 75 μm。

其他过程，如扩展、岸边界作用、挥发、乳化，以及溢油密度、黏性、表面张力等的详细描述见文献[147]。

5.2 模型验证及与差分模型比较

前一节介绍了模型的基本控制方程和数值方法。为了测试建立的模型，先模拟了平底湖泊内的风生重力波；然后模拟了一个理想状况下，由淡水排放驱动的曲线岸线地形下发生的溢油事故。

这里采用的两个算例均为理想化的，没有采用真实地形的原因在于，真实情况下计算区域内的结果会因开边界条件的选取不同而有所影响[272]，所以这里采用的两个算例均为全封闭的，着重于研究边界拟合对模型结果的影响。

5.2.1 圆形平底地形下风引起的表面重力波

第一个算例为理想圆形湖泊上由风吹而生成的表面重力波，它具有解析结果。这是一个检验边界拟合程度的非常好的算例，因为在这种圆柱性盆体内，波动的自然频率对边界的形状十分敏感[273]。

一个 x 方向恒定的风应力加在图 5-2 所示的圆形湖泊上，假定表面的波动与水深相比是小量，采用长波假定和线性化处理，垂向上积分后的动量方程和连续方程在极坐标系下表示如下：

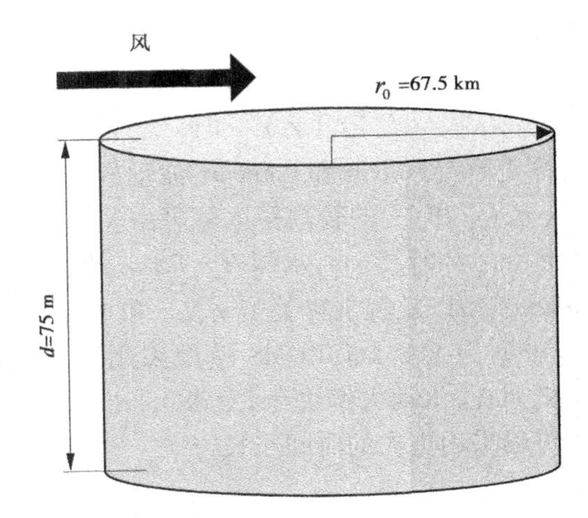

图 5-2 理想的圆形湖泊结构

$$\frac{\partial U^*}{\partial t} - fV^* = -gH\frac{\partial \eta}{\partial r} + F_x\cos\varphi + F_y\sin\varphi \tag{5-13}$$

$$\frac{\partial V^*}{\partial t} + fU^* = -gH\frac{\partial \eta}{r\partial \theta} - F_x\sin\varphi + F_y\cos\varphi \tag{5-14}$$

$$\frac{\partial \eta}{\partial t} + \frac{1}{r}\left(\frac{\partial V^*}{\partial \theta} + \frac{\partial rU^*}{\partial r}\right) = 0 \tag{5-15}$$

式中：r 和 φ 为径向和角度坐标；U^* 和 V^* 为 r 和 θ 向的体积通量；η 为表面波动水位；f 和 g 分别为科氏力常数和重力加速度；H 为平均水深；F_x 为 $\varphi=0$ 方向的风应力，F_y 为 $\theta=\pi/2$ 方向的风应力。

假定湖泊初始为静止，内部的波动是连续的，底部及侧边界的摩阻为零，可得无量纲化的变量 η、U^* 和 V^* 如下[274, 275]：

$$\eta(r,\varphi,t) = \frac{\tau_0}{\lambda^4}\left[A_0(r)\cos\varphi + \sum_{k=1}^{\infty} a_k A_k(r)\cos(\varphi - \sigma_k t)\right] \tag{5-16}$$

$$U^*(r,\varphi,t) = \frac{\tau_0}{\lambda^3}\left[\left(\frac{A_0(r)}{r} - 1\right)\sin\varphi - \sum_{k=1}^{\infty} b_k F_k(r)\sin(\varphi - \sigma_k t)\right] \tag{5-17}$$

$$V^*(r,\varphi,t) = \frac{\tau_0}{\lambda^3}\left[\left(\frac{\mathrm{d}A_0(r)}{\mathrm{d}r} - 1\right)\cos\varphi - \sum_{k=1}^{\infty} b_k G_k(r)\cos(\varphi - \sigma_k t)\right] \tag{5-18}$$

其中，$\lambda=\frac{c}{r_0 f}$；$c=\sqrt{gH}$；$\tau_0=\frac{F_x g}{r_0^3 f^4}$，$a_k=(\sigma_k-1)/(\sigma_k+1-\sigma_k^3/\lambda^2)$，$b_k=a_k/(\sigma_k^2-1)$。参数 $A_0(r)$、$A_k(r)$、$F_k(r)$ 和 $G_k(r)$ 由下面几式给出

$$A_0(r) = I_1(r/\lambda)/I_1(1/\lambda) \tag{5-19}$$

$$A_k(r) = \begin{cases} I_1(\gamma_k r)/I_1(\gamma_k) & |\sigma_k| < 1 \\ J_1(\gamma_k r)/J_1(\gamma_k) & |\sigma_k| > 1 \end{cases} \tag{5-20}$$

$$F_k(r) = A_k(r)/r - \sigma_k(\mathrm{d}A_k(r)/\mathrm{d}r) \tag{5-21}$$

$$G_k(r) = \mathrm{d}A_k(r)/\mathrm{d}r - \sigma_k A_k(r)/r \tag{5-22}$$

式中：$\gamma_k^2=(1-\sigma_k^2)/\lambda^2$；$J_1$ 和 I_1 分别为贝塞尔函数和变形的第一类贝塞尔函数。

第 k 个模态的频率 σ_k 由下式求解：

$$1 - \sigma_k \gamma_k \frac{1}{I_1(\gamma_k)} \frac{\mathrm{d}I_1(\gamma_k)}{\mathrm{d}\gamma_k} = 0 \tag{5-23}$$

变量 η、U^* 和 V^* 为固定解与 Kelvin 和 Poincare 波动的叠加。由于 η、U^* 和 V^* 随着模态数的增加迅速减小，故 η、U^* 和 V^* 的较高精度解可由前 8 个模态进行叠加求得。考虑科氏常数 $f = 10^{-4}$ m/s，半径 r_0 = 67.5 km，水深 H = 75 m，在东向 3 m/s 的风作用下，我们比较了水动力模块、ROMS 模型以及解析解关于 η、U^* 和 V^* 的对比。水动力模块中采用的非结构网格的水平分辨率为 1.8 km；ROMS 模型采用了相同的水平分辨率，网格见图 5-3，为了进行模型间的对比，水动力模块和 ROMS 的计算步长均取为 15 s，尽管 ROMS 模型采用了预估校正法可以采用更大的时间步长[5]。

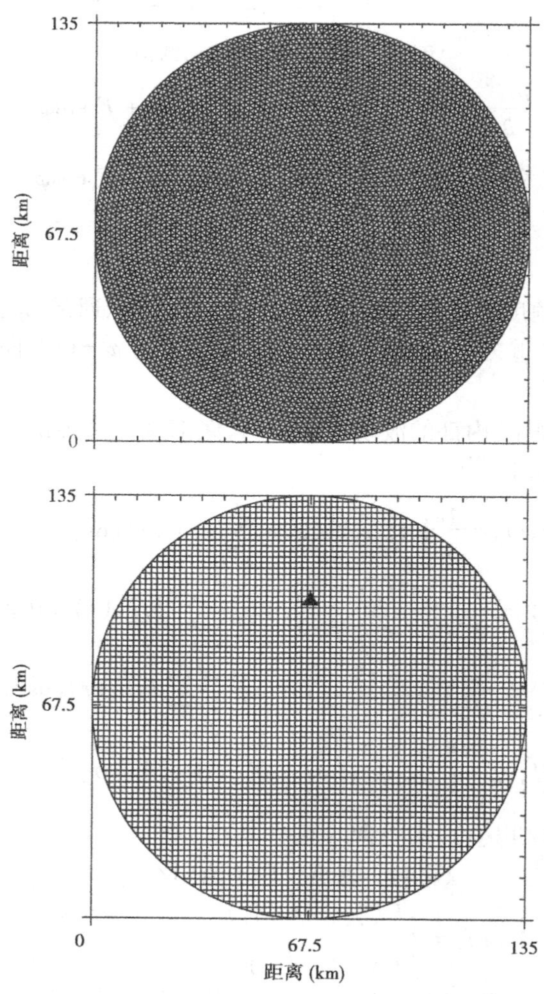

图 5-3　用于模拟图 5-2 所示的理想圆形湖泊地形下风生重力波所建立的非结构计算网格和 ROMS 模型采用的直角网格（三角形符号所在位置（x = 67.5 km，y = 101.25 km）为水动力模块与 ROMS 模型模拟的水位和流速结果与解析解的对比点位置）

模型计算的表面水位与流速通量与解析结果吻合良好。ROMS 模型在模拟 1 h 后出现相位差，且相位差随着时间推移继续增加，在第 4 天结束时相位差达 12 min，如图 5-4 所示。ROMS 模型的相位差可从图 5-5 的表面水位分布图中清晰分辨出。

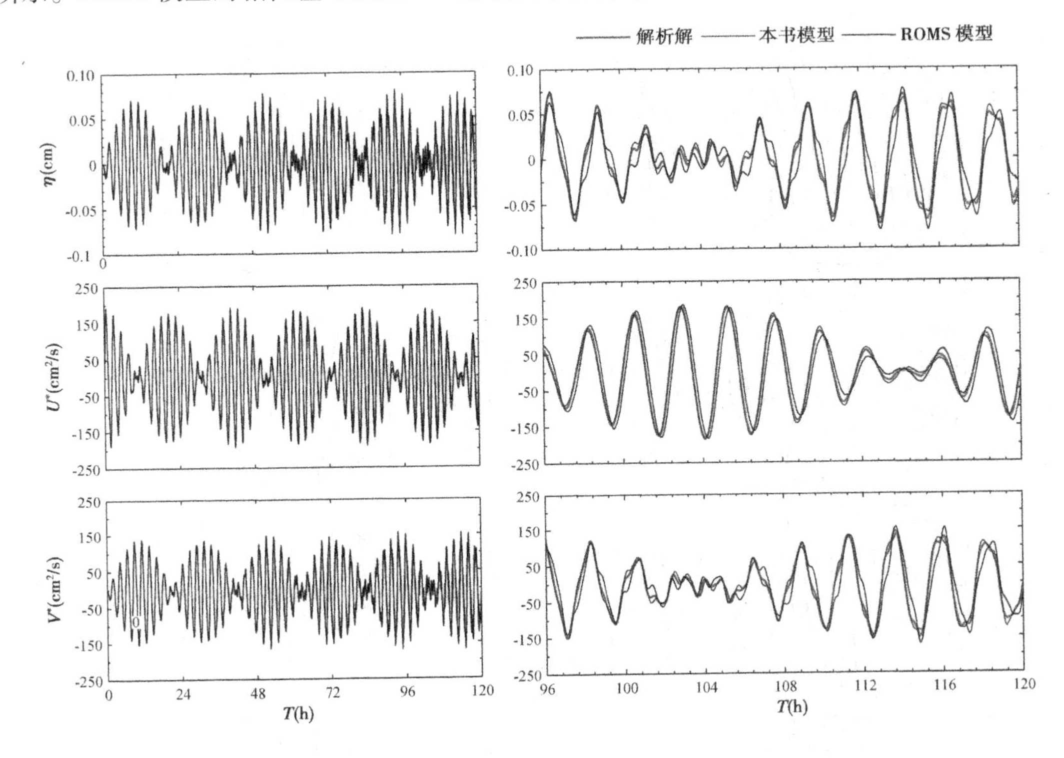

图 5-4　在图 5-3 三角形位置处解析解与水动力模块及 ROMS 模型计算的水位(η)，x 方向的通量(U^*)，y 方向的通量(V^*)对比结果

ROMS 模型计算的相位滞后与模型采用的直角网格有关系，直角网格不能精确地拟合圆形湖泊的曲线边界。由此，我们可推测这种相位滞后会随着分辨率的提高而减小，为了验证这一推测，我们将分辨率加倍(分辨率变为 0.9 km)。从图 5-5 的结果来看，加倍后的相位差有所减小，随着网格分辨率变成更大的 0.45 km，模型结果更接近于解析结果，但是这一方法大大增加了模型的计算耗时。

5.2.2　理想曲线地形下的淡水排放

为了说明网格分辨率和边界的拟合程度对溢油轨迹的影响，我们首先比较了水动力模块和 ROMS 模型对理想圆形湖泊侧边淡水排放的模拟结果，采用的地形如图 5-6 所示。

$$H(r) = \begin{cases} \dfrac{H_d + H_0}{2} + \dfrac{H_d - H_0}{2}\cos\left[\dfrac{\pi(r - r_0)}{R - r_0}\right] & r_0 \leqslant r \leqslant R \\ H_d & r < r_0 \end{cases} \tag{5-24}$$

式中：$H(r)$ 为从圆心出发径向距离为 r 时的水深；$R = 67.5$ km 为圆形湖泊的半径，$r_0 = 30$ km 为从圆心到陆架的距离；$H_0 = 10$ m 为在半径 R 处的水深；$H_d = 75$ m 为半径在 $r < r_0$ 范

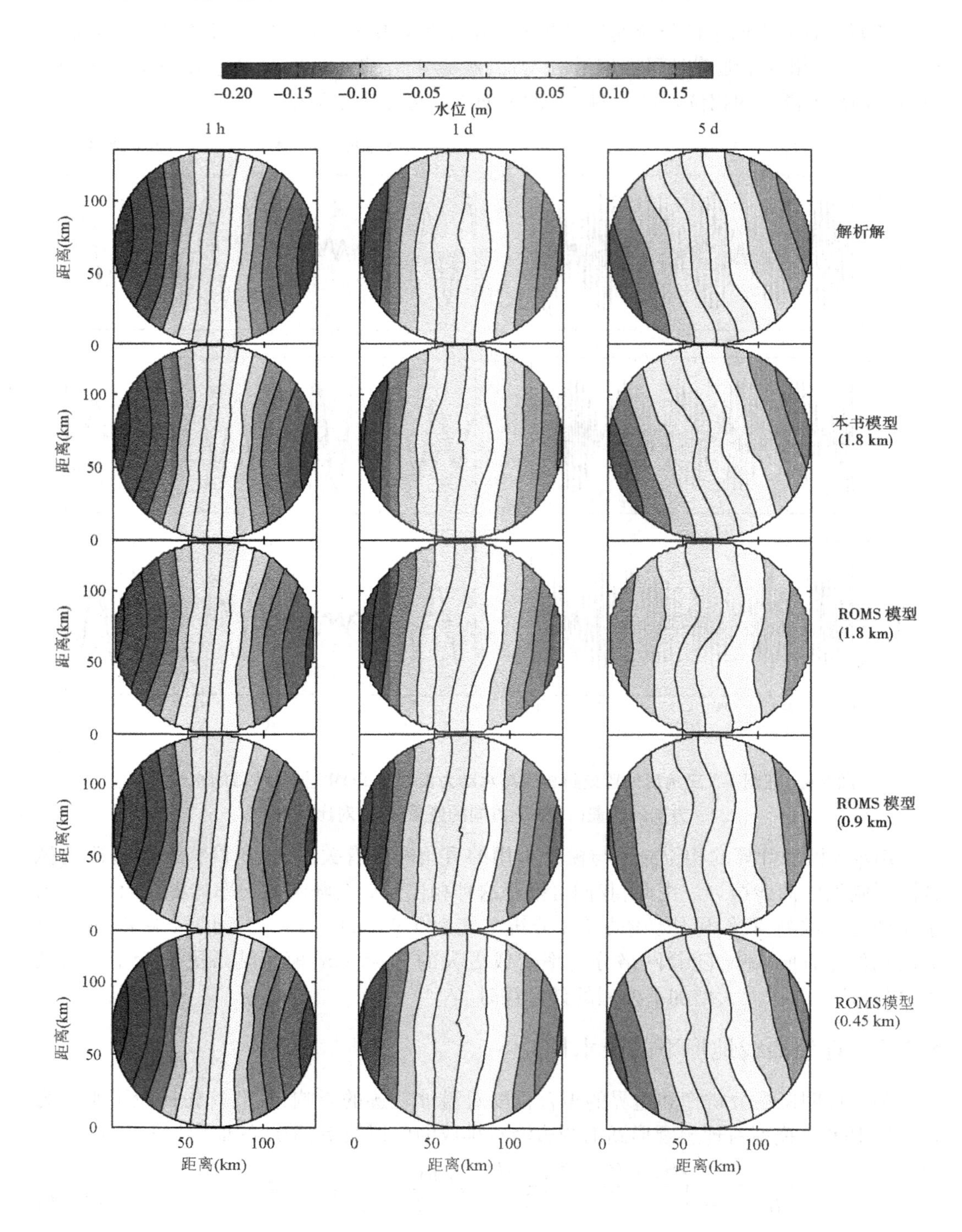

图 5-5　表面水位的解析结果在 1 h、1 d、5 d 时与水动力模块及 ROMS 模型的对比结果
（其中水动力模块分辨率为 1.8 km，ROMS 模型分辨率分别为 1.8 km、0.9 km 及 0.45 km）

围内的水深。

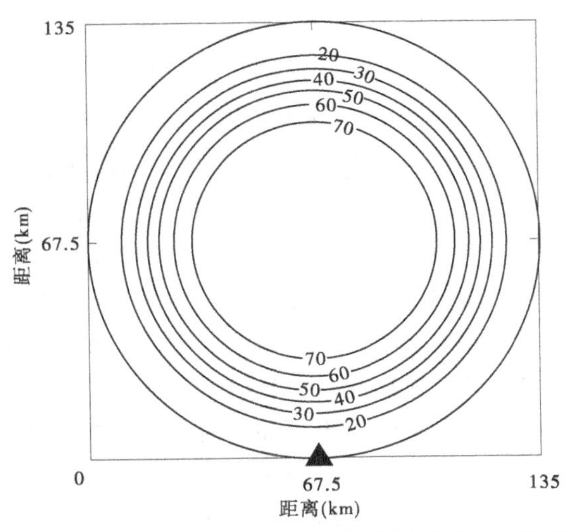

图 5-6　一个具有线性梯度陆架的理想圆形湖泊示意图(▲代表淡水排放点)

流量为 1 000 m^3/s 的淡水从正南侧边界中部排到湖泊里,初始盐度为 30 psu。

在该模拟中,水动力模块采用二阶迎风格式求解对流项,采用二阶中心差分求解垂向的对流项。ROMS 模型具有多种选择,它包含了不同的对流项、扩散项和压力梯度项的求解方法。为了对两个模型进行对比,ROMS 模型采用三阶迎风格式求解水平对流项,采用二阶中心差分求解垂向对流项,采用 Mellor-Yamada 2.5 阶紊流闭合模型求解垂向的扩散系数,采用 Smagorinsky 参数化方法求解水平涡黏和耗散项。两个模型在垂向上均分为 15 层。为了比较网格的边界拟合程度对模拟结果的影响,还采用了极坐标网格对算例进行模拟,网格如图 5-7 所示。

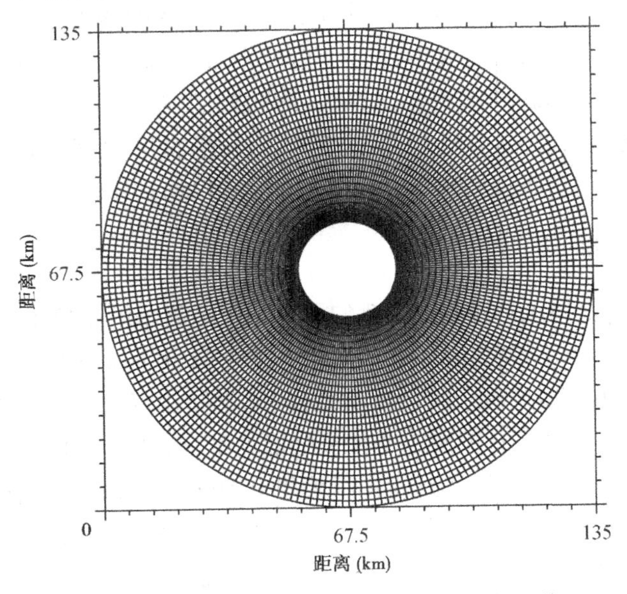

图 5-7　ROMS 模型水平方向采用的极坐标网格

从理论上讲,淡水排放到该理想地形后应沿着岸线按逆时针方向流动,ROMS 模型与水动力模块均再现了这些基本特征,但是由于水平分辨率和对边界拟合程度的不同导致模拟出的低盐锋面结构有所不同。为了检验结果对网格分辨率的敏感程度,模型分别取水平网格分辨率为 4.5 km、1.8 km 和 0.9 km。经过 10 d 的模拟,对于分辨率为 4.5 km 的模型,采用水动力模块模拟的低盐锋面具有光滑的形状,且在 y 方向上锋面前端达到 100 km,而采用相同分辨率的 ROMS 模型的模拟锋面形状不光滑,且在 y 方向上锋面前端运动距离较短,从图 5-8 左可明显看出。当分辨率变为 1.8 km 时,两个模型模拟出的低盐锋面均向岸移动,并且低盐锋面前端均传输更长的距离(见图 5-8 中)。当分辨率变为 0.9 km 时,锋面前端传输距离要比分辨率为 1.8 km 时的传输距离长,需要注意的是在排放点附近,采用水动力模块得到的模拟锋面与其他工况下的结果有所不同,它有一个顺时间方向的移动(见图 5-8 右上),当垂向分辨率加倍时这一现象消失。这些结果表明两种模型的低盐锋面均对水平分辨率敏感,随着分辨率增加,锋面向岸靠近并传播得更远,同时随着水平分辨率的增加需要注意垂向分辨率的选取。

同样的网格分辨率,采用水动力模块模拟的低盐锋面传播速度较采用直角网格的 ROMS 模型要快,造成这一现象的原因是由于网格对边界曲线的拟合程度不同。采用直角网格形成了一个类似于阶梯状的边界,由于无垂直于阶梯状边界的通量条件,最大沿岸流速发生在离岸一段距离处(见图 5-9,ROMS 直角坐标),这种阶梯状的边界将会产生一个类似于拖曳力的效果,从而降低低盐锋面向下游的运动速度。采用的非结构网格可以很好地拟合边界形状,并保证无穿越岸线的通量;在排放口下游,采用水动力模块模拟的低盐锋面沿着曲线边界运动,且最大流速发生在沿岸处,见图 5-9。

严格来说,不管采用的分辨率有多高,采用直角网格均会产生阶梯效应。减少这一不真实模拟结果的可行措施是增加网格分辨率,但是分辨率的增加将会导致更小的时间步长,计算耗时会增加。从拟合边界形状这个角度来看,我们相信针对当前的理想圆形湖泊,采用极坐标系的 ROMS 模型将会得到很好的结果。对于采用图 5-7 所示的极坐标系的网格,计算的误差要小很多且结果更接近于采用非结构网格的结果(见图 5-8 和图 5-9),但是它只适用于有规则边界条件的地形,而很难适用于复杂的边界条件。

5.2.3 理想曲线地形下的溢油

在上一部分的水动力结果基础上,我们考虑了一个简单的溢油事故,用以说明边界拟合程度对某些溢油情形下模拟溢油轨迹的重要性。300 t 原油在模型第 6 天开始持续泄漏到湖泊中来,具体的输入参数见表 5-1。通过对比图 5-10 的(1) ~ (4)和(a) ~ (d)发现油粒子沿着圆形边界连续运动形成一个细长的溢油带,两种模型下的溢油轨迹相似,采用水动力模块时溢油大部分沿逆时针移动,而采用 ROMS 模型时的溢油很大一部分仍集中在溢油地点附近。采用 ROMS 模型模拟的溢油面积在第 8.5 天的时候达到最大,然后随着时间推移溢油面积减小,直至模拟结束时仍有一些油粒子位于溢油点附近,且油膜的带

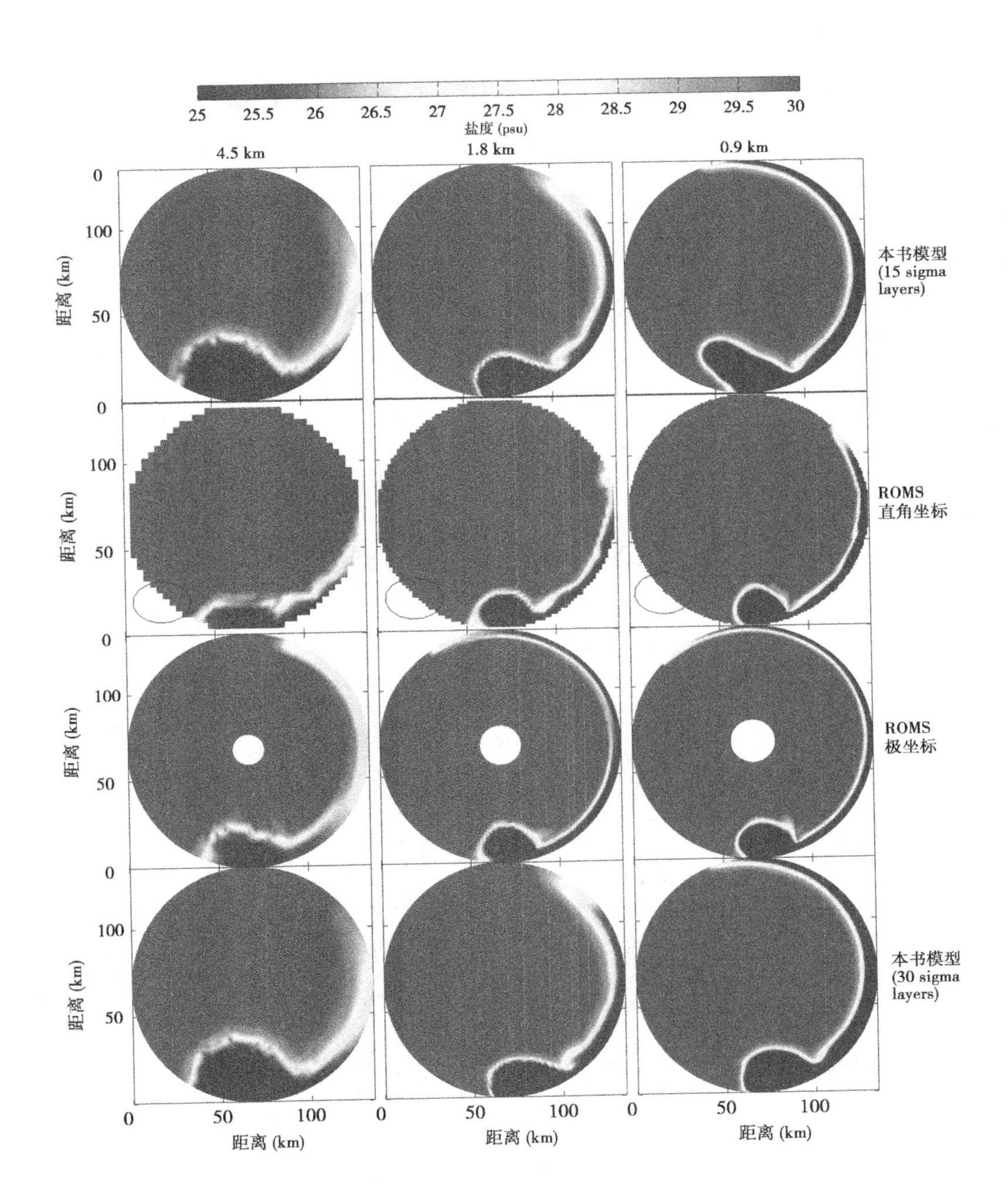

图 5-8 水动力模块、ROMS 直角坐标和极坐标模型模拟的第 10 d 表层盐度分布对比(其中水平分辨率分别为 4.5 km、1.8 km 和 0.9 km。对边界的拟合程度可以通过图中的椭圆形区域清楚地分辨;此外还给出在垂向分 30 层的模拟结果,用以说明垂向分层对模型结果的影响)

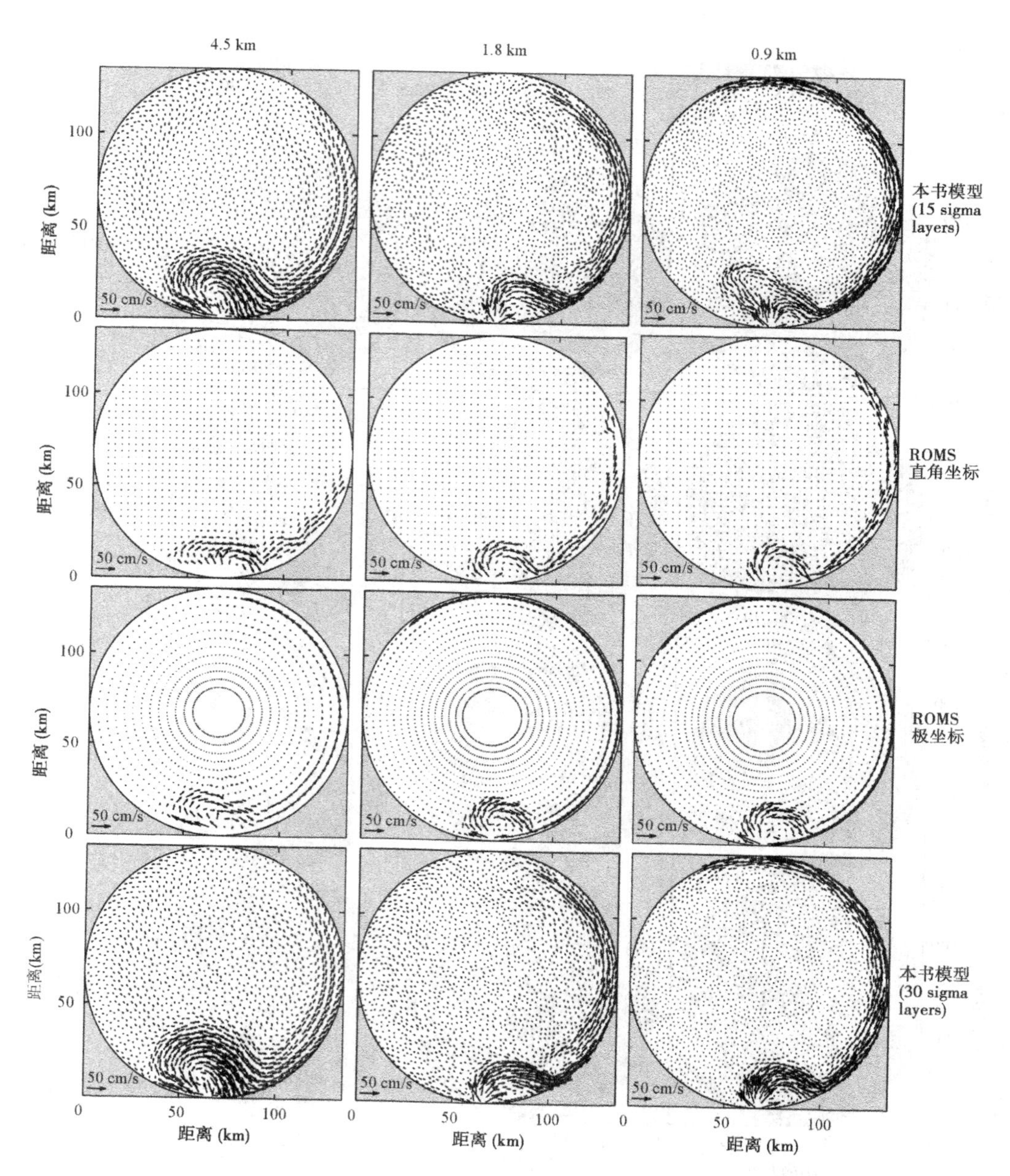

图 5-9　水动力模块与 ROMS 模型在第 10 d 的表层流速分布结果
（其中 ROMS 模型的结果隔一个网格进行绘制，水动力模块隔 2 km 进行绘制）

宽要较采用水动力模块的油膜宽。另外，ROMS 模型计算的溢油在 y 方向上的最大传输距离为 50 km，而采用水动力模块的传输距离为 70 km，这与产生阶梯状的边界有关。

表 5-1 理想溢油条件下的输入参数

特征参数	取值
模拟时间（d）	4
溢油总体积（m^3）	300
时间步长 Δt(min)	10
油粒子总数	4 800
溢油地点	(67.5 km,6 km)
溢油时间	连续溢油 1 d
溢油种类	2 号燃油(sp. gr. =0.965)
油的动力黏度系数 ν_0(m^2/s)	8.6×10^{-4}
乳化系数 γ(s^{-1})	10^{-6}
空气温度(℃)	10
岸线条件	开阔的海岸半衰期 1 h

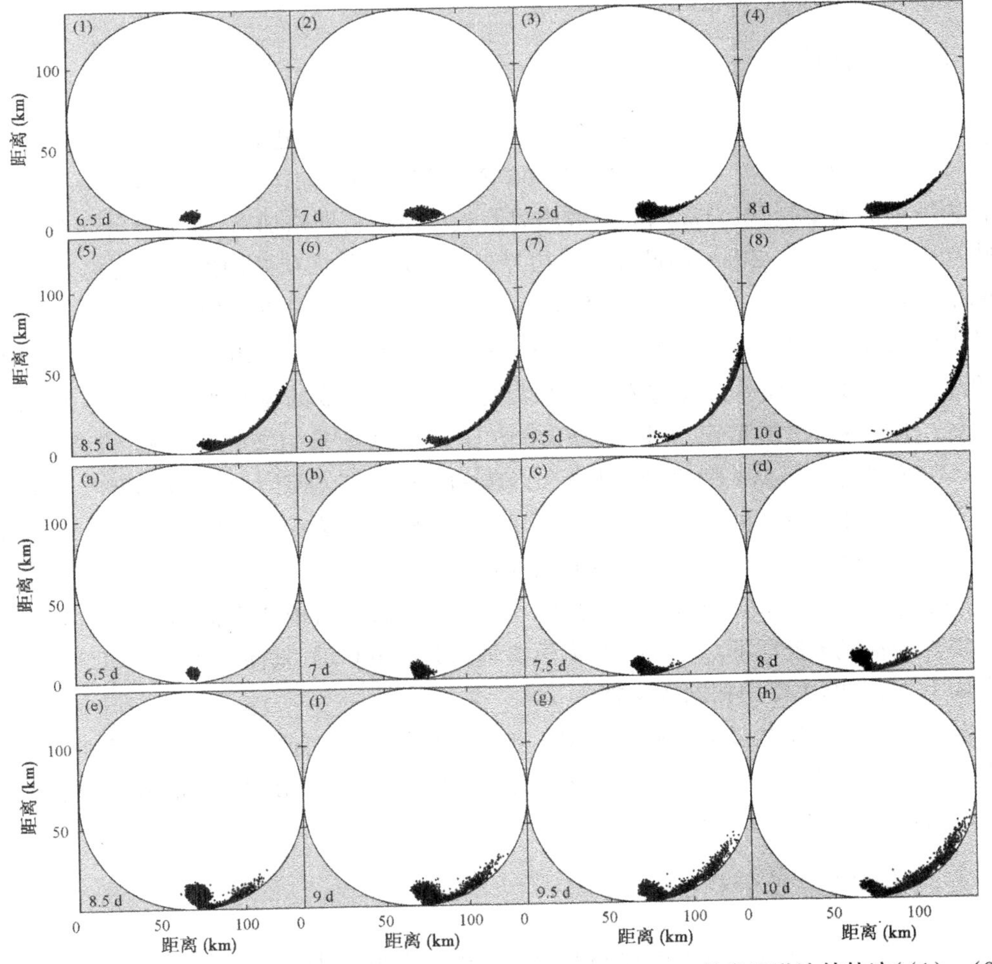

图 5-10 在水动力模块和 ROMS 模型的模拟流场作用下，每隔 12 h 的表层溢油的轨迹((1)～(8)代表在水动力模块作用下的溢油轨迹;(a)～(h)代表在 ROMS 直角坐标模型作用下的溢油轨迹)

5.3　模型在渤海海峡溢油事故中的应用

基于5.1节建立的三维溢油模拟系统,对渤海海峡发生的溢油事故进行了模拟,下面给出模型模拟结果,并对模拟结果进行了分析。

5.3.1　事故概况

1990年6月8日凌晨2时左右,两艘外籍货船在渤海海峡附近(38°32′48″N,120°56′42″E)相撞,造成其中一艘船的油箱破漏,重质燃料油连续外溢,至6月14日,溢油量为250～350 t。与此同时,中国海监飞机对海面溢油的分布进行了观测[268],监测船在现场进行了不定时巡视,并测得S向风一般不超过4 m/s;6月15日后,溢油仍在继续,但由于气象原因,各种观测不得不终止。

5.3.2　模型建立及条件

考虑到渤海区域具有复杂的地形、岛屿及岸线边界,需要建立一个高分辨率的数值模型。计算区域覆盖(37°07′N～41°N,117°35′E～122°30′E),如图5-11所示。为了更好地拟合边界处的地形变化,对岛屿与岸线边界附近区域进行网格加密,水平分辨率在岸线与岛屿周围为1.5 km,在渤海内部以及开边界处约7 km,并且在溢油地点渤海海峡附近进行网格加密。水流模块采用的计算网格如图5-12所示。在垂向均分为15个sigma层。模型由开边界处的潮位驱动,M_2、N_2、S_2、K_2、K_1、O_1及P_1几个分潮的调和常数由北岸和南岸的潮位站提供,并插值到开边界上。从海洋图集[265]提取的温盐平面分布作为模型的初始场。在海表面,模型由月平均SST、SSS驱动。风场采用2000～2008年的月平均QuickSCAT风场。根据CFL条件,外模和内模的时间步长分别为10 s和180 s。模型从1989年1月1日开始模拟到事故发生日。然后,调整风向为SSW向、风速为3 m/s,再模拟8 d用于提供水动力参数给输移－归宿模块。

由于输移－归宿模块垂向采用的是z坐标系,通过水流模块模拟的水动力变量需要进行线性插值到z坐标下。输移－归宿模块垂向分成140层,垂向分辨率为0.5 m。在水平方向上,两个模块使用相同的网格。

输移－归宿模块从溢油开始共模拟了8 d。由于这次溢油事故为连续性溢油,故假定从事故发生起,连续溢油6 d。溢油总体积为300 t,每小时溢出40个油粒子,共释放了5 760个油粒子。输入参数详见表5-2。

5.3.3　模拟结果及分析

通过调和分析分离出每个网格点的潮位及潮流调和常数。由于渤海的主要半日、全日分潮分别为M_2和K_1,故书中只给出这两个分潮的结果。虽然这里采用的非结构网格与第4章中的非结构网格有所不同,但是模拟出的潮汐、潮流结果与第4章得到的结果几

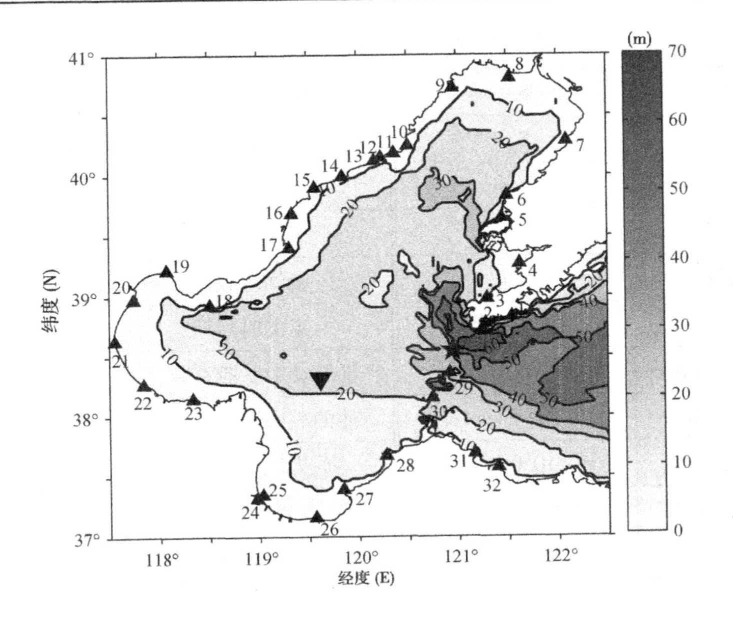

图 5-11 渤海地形图(▲边上的数字代表潮位站的序号,▼代表潮流观测点,★代表溢油地点)

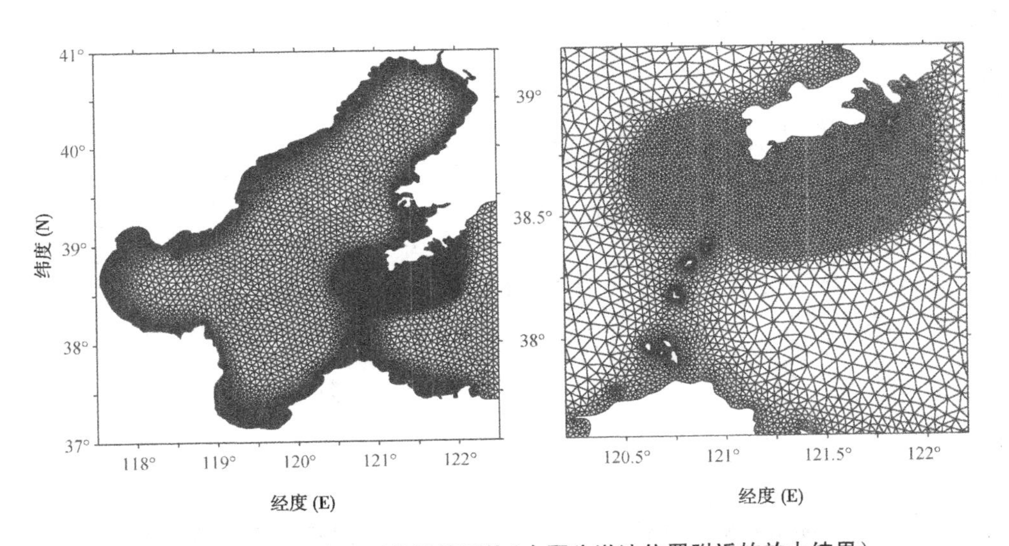

图 5-12 水流模块采用的计算网格(右图为溢油位置附近的放大结果)

乎一致,这里不再重复列出结果。等振幅、等潮时线图与实测分布[265]吻合良好,模型很好地再现了渤海4个主要分潮。从潮流椭圆图可以发现,在(38°50′N,121°E)附近潮流速度最大。而这恰好在溢油发生地点附近,表明在这个地区潮流对油膜的漂移起着很大的影响。

表 5-2　输移－归宿模块的输入参数

特征参数	取值	特征参数	取值
模拟时间	8 d	溢油种类	2 号燃油(sp. gr. ＝0.965)
时间步长	12 min	有无冰层覆盖	无
油粒子总数 N_0	5 760	风速	SSW3.0 m/s
河床沉降系数 β	$10^{-5}s^{-1}$	溢油地点	(38°32′48″N,20°56′42″E)
乳化系数 γ	$10^{-6}s^{-1}$	溢油时间	连续溢油 6 d
油粒子回升表面系数 α	1.0	油的动力黏滞系数	8.6×10^{-4} kg/(m · s)
油粒子上浮速 V_b	0.002 54 m/s	油的表面张力系数	0.02 N/m
大气温度	10.0 ℃	挥发参数 C,T_0	7.98,465K
水的运动黏滞系数	1.311×10^{-6} m^2/s	溶解系数 α	0.423 d^{-1}
溢油总体积	300.0 m^3	溶解参数 KS_0	0.001 84 g/(m^2 · h)

模型模拟的潮流调和常数除底部 K_1、O_1 的模拟结果与实测值相差稍大外，其他吻合良好。需要指出的是，测量值的不确定性并没有考虑。图 5-13 给出了溢油开始时刻的波要素，包括有效波高和平均波周期。

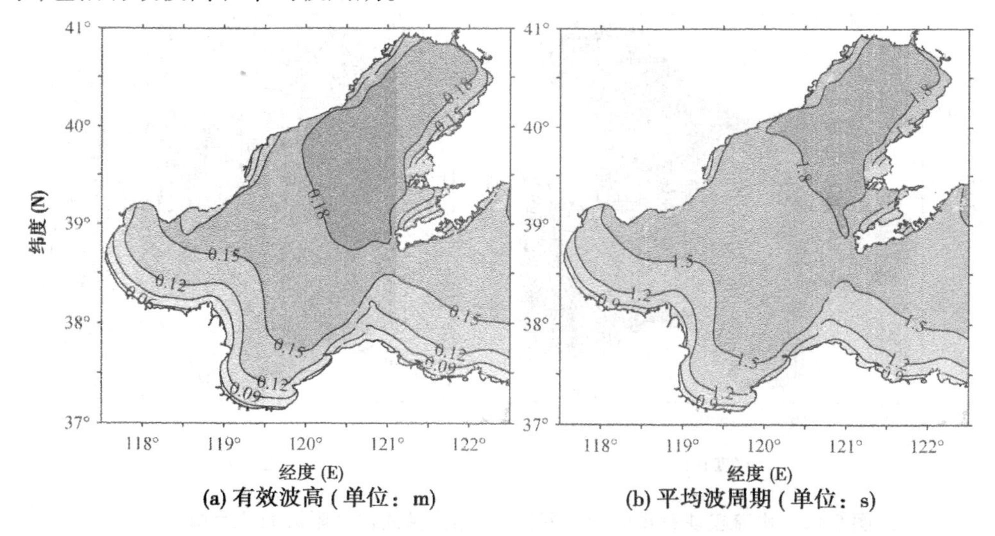

(a) 有效波高 (单位：m)　　(b) 平均波周期 (单位：s)

图 5-13　溢油开始时刻的波要素

图 5-14(a)和图 5-14(b)分别为实测的 12 日和 15 日油膜分布，图 5-15(a)和图 5-15(b)分别为模拟的 12 日和 15 日油膜分布。对比图 5-15(a)和图 5-15(b)可以发现油膜存在一个东向的漂移，与实测油膜漂移趋势一致(见图 5-14)。此外，通过计算单位水体内油粒子的体积，得出油膜的浓度分布，如图 5-16 所示。可以看出，12 日油膜中心处在(121.05°E,38.45°N)，至 15 日漂移到(121.2°E,38.52°N)。同时，油膜中心点的浓度从

1.4 mg/L 降到 0.85 mg/L。

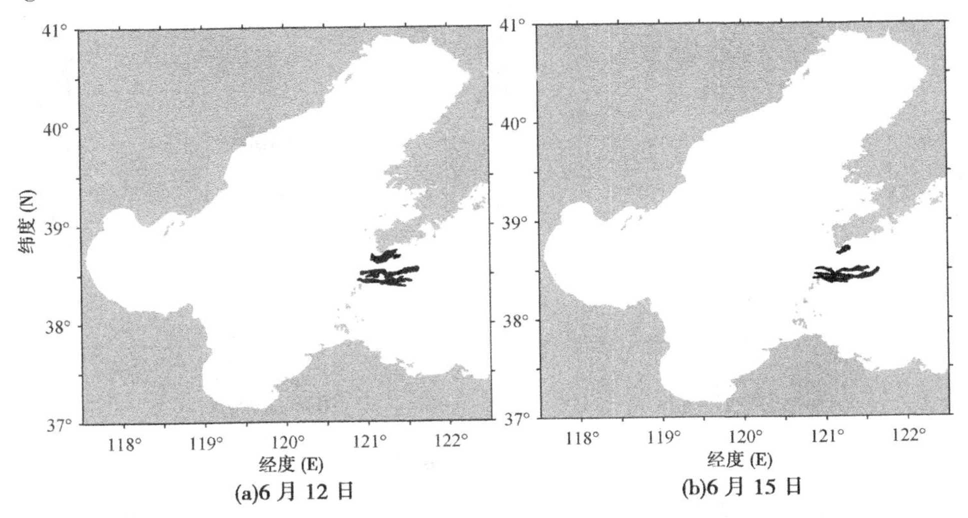

图 5-14 实测的表层油膜分布

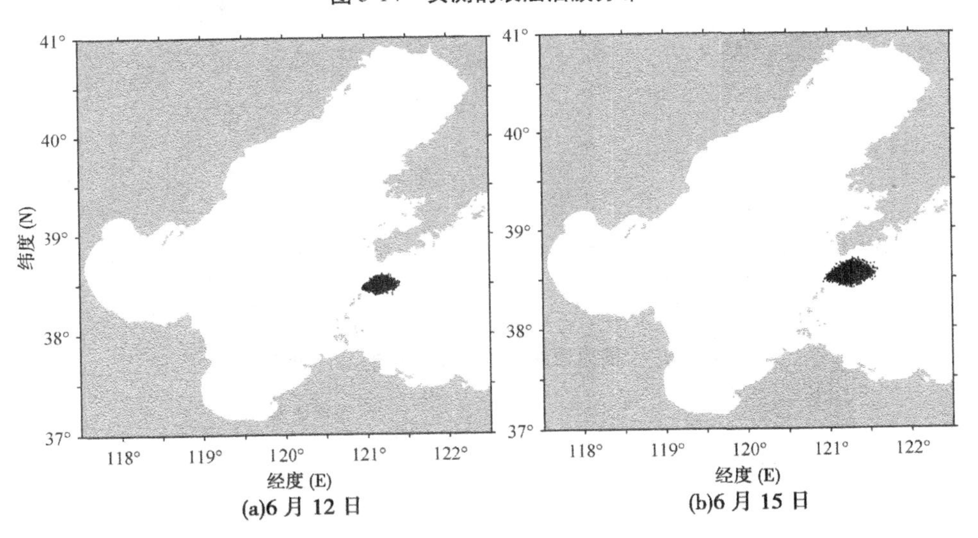

图 5-15 模拟的表层油膜分布

模拟的油粒子在水体中的垂向分布见图 5-17。在表面波的作用下,油粒子有一定的概率入水,入水后在紊动扩散的作用下,一部分油粒子向更深处运动。在浮力的作用下,大部分油粒子将返回水面。虽然没有垂向的实测资料,但是根据 Thorpe[276] 观测的气泡入水深度分布来看,模拟的结果是合理的。

图 5-18 总结了溢油的归宿。由图 5-18 可知,溢油的挥发量很大,至模拟结束挥发量超过总溢油量的 35% 。由于风力较弱,仅有 3.5% 的油进入水体。至模拟结束时,仍有 60% 的溢油漂浮在海面上。

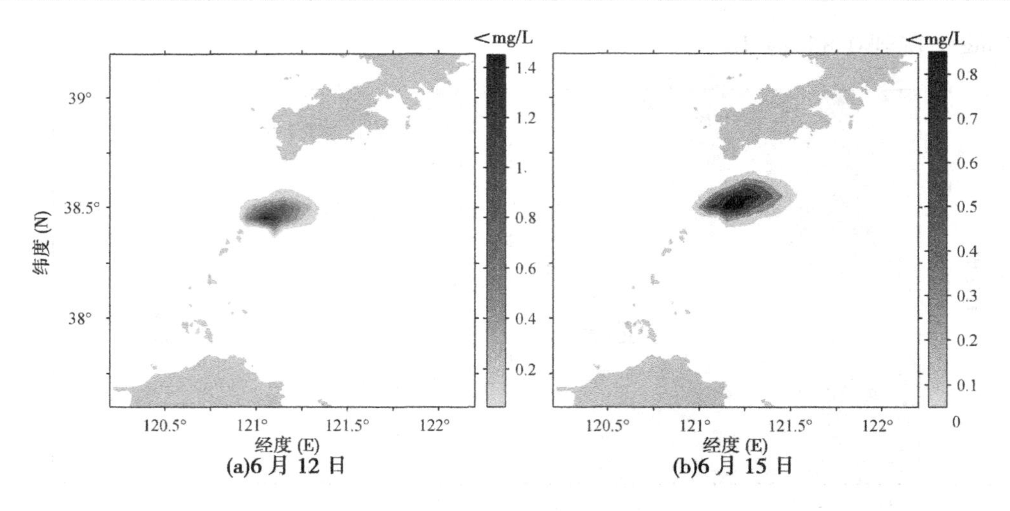

(a)6 月 12 日　　(b)6 月 15 日

图 5-16　模拟的表面溢油的浓度分布

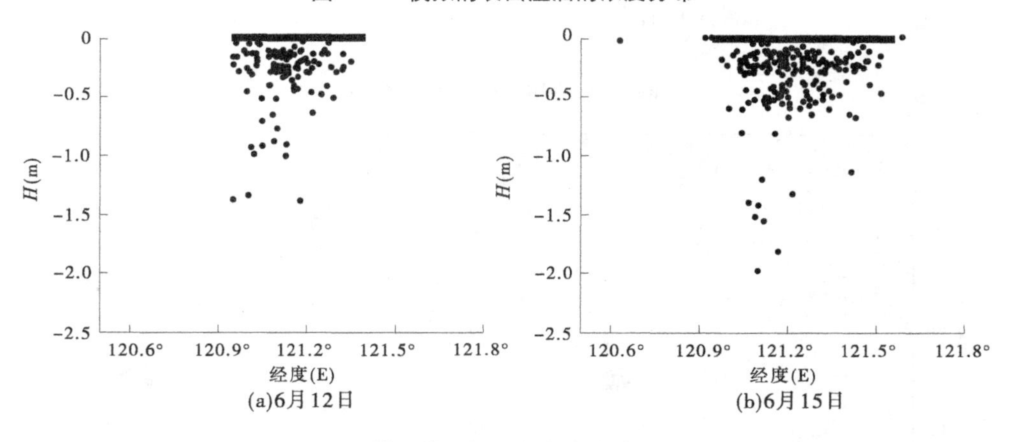

(a)6月12日　　(b)6月15日

图 5-17　模拟的油粒子在水体中的垂向分布

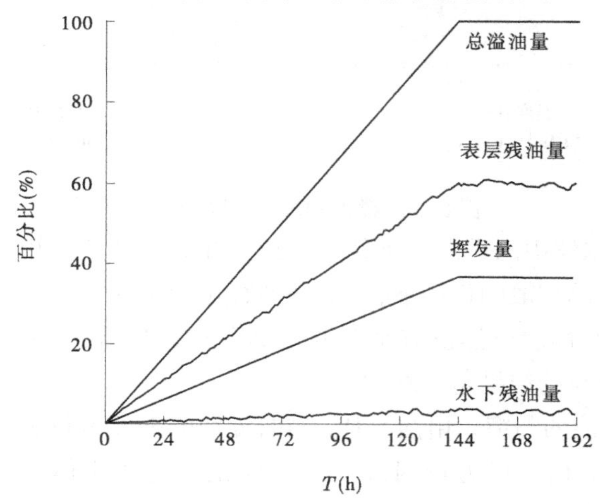

图 5-18　溢油的归宿

5.4 小 结

描述了一个用于模拟溢油输移和归宿的三维模拟系统。输移 - 归宿模块采用粒子追踪法,溢油被看成大量的油粒子,在潮流、波浪、风的作用下进行三维运动。水平扩散采用随机走动法模拟,垂向扩散通过 Langeven 方程进行求解。同时,考虑了溢油的挥发、乳化、溶解及溢油性质的变化。采用并行的、非结构有限体积波流耦合模型提供水动力参数给输移 - 归宿模块,采用非结构化网格能够更好地适应复杂的地形条件。

为了说明采用的水动力模块的优势,采用模型模拟了圆形平底地形下风引起的表面重力波和在理想曲线地形下的淡水排放两个算例,并与采用结构化网格的 ROMS 模型进行对比,通过与解析解的比较,表明书中采用的水动力模块得到的结果较 ROMS 直角坐标模型的结果要更精确,在一定程度上说明了边界拟合的重要性。

应用建立的溢油模拟系统对渤海海峡发生的溢油事故进行了模拟。通过与实测潮汐、潮流资料的对比,对水流模块进行了验证。即使在风场精度不高的情况下,油膜漂移路径的模拟结果基本上再现了观测结果。随着相关资料的可靠性和精度的提高,模拟结果将得到改进。建立的模拟系统可以用来模拟复杂地形海域发生的突发性溢油事件,为事故后制订应急方案和清油策略提供了理论依据。

6 大伙房水库水动力、水质数值模拟研究

水库是水资源的一个重要组成部分，它为人类提供服务且成为许多动植物的栖息地。大伙房水库坐落在辽宁省，向辽宁的两大城市抚顺和沈阳提供生活用水和工业用水。作为国内9个重要水源地之一，它还向辽阳、鞍山、营口和盘锦提供用水，2010年后它将为辽宁的7个城市提供生活用水。因此，大伙房水库的水源对辽宁中部城市的发展具有重要作用，对辽宁的国计民生具有战略地位。保证水库的水体安全关系到辽宁省的经济发展和社会稳定[204]。

从20世纪90年代起，大伙房水库的水体污染有加重的趋势，其中总磷和高锰酸钾指数等污染物因子呈加重趋势，总磷逐年增加比较明显。90年代中期的总磷浓度比90年代初期平均增加5.5倍，总氮平均增加43%，高锰酸指数增加34%。水库水质近几年来总体呈下降趋势，由原来的Ⅱ类水质逐步达到Ⅲ类水质[204]。

由于水体的输移时间尺度与水体循环息息相关，因此理解水体的交换时间可以更好地保护和利用水库的资源。由于复杂的地形及边界条件，水库中的水动力过程往往呈现出三维结构，尤其是水位变化较大时[277]，水体循环和水体的输运都有可能受地形的影响。为了能够很好地模拟在河流、风及密度流作用下的水库的水动力，数值模型须较好地适应复杂的地形与边界条件。以往水库的管理许多都依据经验判断，缺乏适当的数值模拟结果提供支持。关于大伙房水库的水动力、水质模拟少见文献报道，为了弥补这一空白，书中建立了一个三维非结构水动力、水质耦合数值模型，为水库的管理提供工具。

6.1 大伙房水库概况

大伙房水库建成于1958年，是一个带状河谷型水库。它位于中国东北部，自然位置处于41°46′N～41°58′N、124°04′E～124°24′E，如图6-1所示。水库长约35 km，水面最宽约4 km，最窄约0.3 km，最大库容量为21.87亿 m^3，为辽宁省最大的水库，关于水库的详细特征值见表6-1。2008年大伙房输水工程完成后，每年向大伙房输运约18.2亿 m^3 的水。大伙房水库属于辽宁省水库监测比较多的区域，早在1975年就开始进行水体的各项数据监测。

进入大伙房水库的水体可分为两类：通过河流进入水库的水体和分散式进入水库的水体。在图6-1中标出了流入水库的几条河流的位置，开展的数据监测中包含了这几条河流的每天流量数据。分散式进入水库的水体缺少相应的监测数据，在书中根据蒸发量和降水量数据来计算分散式水体数据。

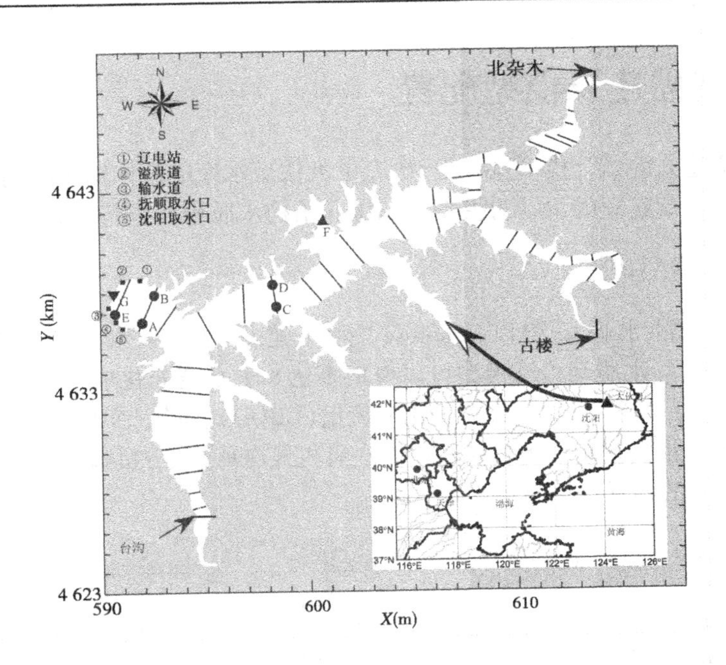

图 6-1　大伙房水库位置及边界图(点线为地形调查断面,A、B、C、D、E 为水动力、水质监测点,G 为大伙房坝上监测点,F 为营盘站)

表 6-1　大伙房水库特征值

指标	数值
流域面积 (km^2)	5 437
最大蓄水面积 (km^2)	114
最大库容 (亿 m^3)	21.87
有效库容 (m^3)	12.76
正常高(兴利)水位 (m)	131.5
平均水深 (m)	12
最大水深 (m)	37
年平均降水量 (mm)	840
年平均蒸发量 (mm)	950
年平均河流流入水库体积 (亿 m^3)	15.97

水库水流呈现明显的季节变化特征。6 ~9 月流量较大,其余月份流量较小。根据历史统计数据,水库上游的三条河流是水库的主要水源,其中浑河占入库水量的 52.7%,苏子河占 37.1%,社河占 10.2%。

6.2 模型描述及模型配置

在第 3 章建立的耦合模型基础上，研究了大伙房水库的水体输运时间，并采用离线耦合的形式将第 3 章建立的水动力模型与三维非结构水质模型进行耦合。

6.2.1 水质模型描述

研究中采用的水质模型以 Ambrose 等[278]建立的三维水质模拟分析计算程序（WASP6）为原型。水质动力学模型可以模拟多达 8 个富营养化成分的传输和转换，包含溶解氧（DO），浮游植物（PHYT）、碳生化需氧量（CBOD）、氨氮（NH_4）、亚硝酸盐和硝酸盐氮（NO_2+NO_3）、正磷酸盐或无机磷（OPO_4）、有机氮（ON）和有机磷（OP）。整个模型中考虑的水质变量间的相互作用见图 6-2。

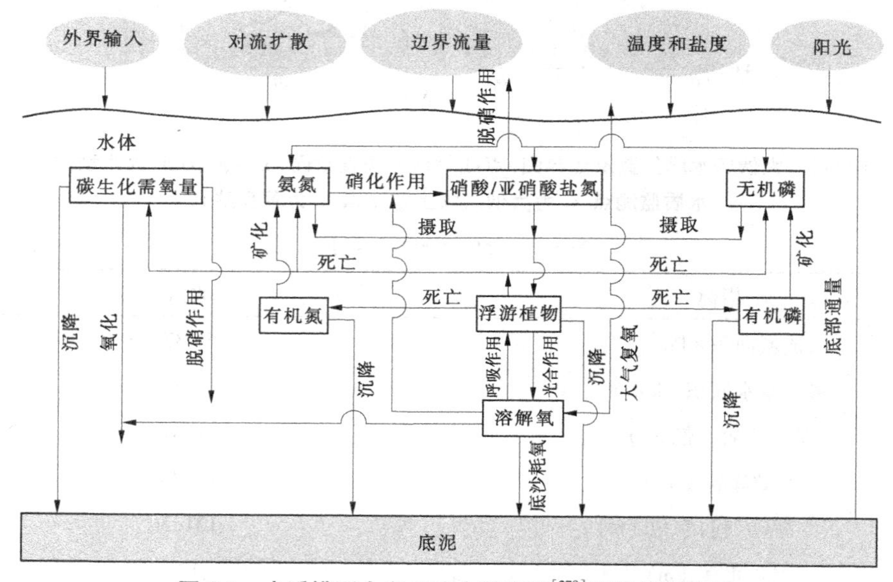

图 6-2 水质模型中考虑的水质变量[278]间的相互作用

水体中每个水质变量可通过如下控制方程进行描述：

$$\frac{\partial DC_i}{\partial t}+\frac{\partial UDC_i}{\partial x}+\frac{\partial VDC_i}{\partial y}+\frac{\partial \omega DC_i}{\partial \zeta}=\frac{1}{D}\frac{\partial}{\partial \zeta}\left(K_h\frac{\partial C_i}{\partial \zeta}\right)+\frac{\partial}{\partial x}\left[A_hH\frac{\partial C_i}{\partial x}\right]+\frac{\partial}{\partial y}\left[A_hH\frac{\partial C_i}{\partial y}\right]+S_i+W_i \tag{6-1}$$

式中：C_i 为第 i 个水质变量的浓度；U、V 和 ω 为对应于 sigma 坐标系（x,y,ζ）方向上的水体速度；A_h 和 K_h 分别为水平涡黏系数和垂向涡扩散系数；S_i 为水质变量的源汇项（具体见表 6-2）；W_i 为第 i 个外部点源或非点源流入量。

下面简要描述一下模型的 4 个子模块，分别为溶解氧模块、碳生化需氧量模块、营养盐模块和浮游植物模块。

表 6-2　方程(6-1)中源汇项的计算汇总

溶解氧（DO）：

$$S_1 = \underbrace{k_{r1}\theta_{r1}^{(T-20)}(C_s - C_1)}_{\text{Reaeration}} - \underbrace{k_{d1}\theta_{d1}^{(T-20)}\frac{C_1C_2}{K_{BOD}+C_1}}_{\text{Carbonaceous oxidation}} - \underbrace{\frac{32}{12}k_{r2}\theta_{r2}^{(T-20)}C_3}_{\text{Respiration}} -$$

$$\underbrace{\frac{64}{14}k_{ni}\theta_{ni}^{(T-20)}\frac{C_1C_4}{K_{NITR}+C_1}}_{\text{Nitrification}} + \underbrace{G_P\left[\frac{32}{12}+\frac{48}{14}\alpha_{nc}(1-P_{NH_4})\right]C_3}_{\text{Phytoplankton growth}} - \underbrace{\frac{SOD}{D}\theta_{SOD}^{(T-20)}}_{\text{Sediment demand}}$$

$$\ln C_S = -139.34 + (1.5757\times10^5)T^{-1} - (6.6423\times10^7)T^{-2} + (1.2438\times10^{10})T^{-3} - (8.6219\times10^{11})T^{-4} - 0.5535\times S(0.031929 - 19.428T^{-1} + 3867.3T^{-2})$$

碳生化需氧量（CBOD）：

$$S_2 = \underbrace{a_{oc}(k_{par}+k_{grz})C_3}_{\text{Death}} - \underbrace{k_{d1}\theta_{d1}^{(T-20)}\frac{C_1C_2}{K_{BOD}+C_1}}_{\text{Oxygenation}} - \underbrace{\frac{\omega_{2S}(1-f_{D2})}{D}C_2}_{\text{Settling}} - \underbrace{\frac{5}{4}\times\frac{32}{12}\times\frac{12}{14}k_{dn}\theta_{dn}^{(T-20)}\frac{C_5K_{NO_3}}{K_{NO_3}+C_1}}_{\text{Denitrification}}$$

浮游植物（PHYT）：

$$S_3 = \underbrace{G_PC_3}_{\text{Growth}} - \underbrace{D_PC_3}_{\text{Death}} - \underbrace{\frac{\omega_{3S}}{D}C_3}_{\text{Settling}}$$

氨氮（NH_4）：

$$S_4 = \underbrace{a_{nc}D_P(1-f_{on})C_3}_{\text{PHYT death}} + \underbrace{k_{m1}\theta_{m1}^{(T-20)}\frac{C_3C_6}{K_{mpc}+C_3}}_{\text{Mineralization}} - \underbrace{a_{nc}G_PP_{NH_4}C_3}_{\text{PHYT uptake}} - \underbrace{k_{ni}\theta_{ni}^{(T-20)}\frac{C_1C_4}{K_{NITR}+C_1}}_{\text{Nitrification}} + \underbrace{B_1}_{\text{Benthic flux}}$$

硝酸盐和亚硝酸盐氮（$NO_3 + NO_2$）：

$$S_5 = \underbrace{k_{ni}\theta_{ni}^{(T-20)}\frac{C_1C_4}{K_{NITR}+C_1}}_{\text{Nitrification}} - \underbrace{a_{nc}G_P(1-P_{NH_4})C_3}_{\text{PHYT uptake}} - \underbrace{k_{dn}\theta_{dn}^{(T-20)}\frac{C_5K_{NO_3}}{K_{NO_3}+C_1}}_{\text{Denitrification}} + \underbrace{B_2}_{\text{Benthic flux}}$$

有机氮（ON）：

$$S_6 = \underbrace{a_{nc}D_Pf_{on}C_3}_{\text{PHYT death}} - \underbrace{k_{m1}\theta_{m1}^{(T-20)}\frac{C_3C_6}{k_{mPc}+C_3}}_{\text{Mineralization}} - \underbrace{\frac{\omega_{2S}(1-f_{D6})}{D}C_6}_{\text{Settling}}$$

无机磷（OPO_4）：

$$S_7 = \underbrace{k_{m2}\theta_{m2}^{(T-20)}\frac{C_3C_8}{K_{mPc}+C_3}}_{\text{Mineralization}} + \underbrace{a_{pc}D_P(1-f_{op})C_3}_{\text{PHYT death}} - \underbrace{a_{pc}G_PC_3}_{\text{PHYT uptake}} + \underbrace{B_3}_{\text{Benthic flux}}$$

有机磷（OP）：

$$S_8 = \underbrace{a_{pc}D_Pf_{op}C_3}_{\text{PHYT death}} - \underbrace{k_{m2}\theta_{m2}^{(T-20)}\frac{C_3C_8}{k_{mPc}+C_3}}_{\text{Mineralization}} - \underbrace{\frac{\omega_{2S}(1-f_{D8})}{D}C_8}_{\text{Settling}}$$

$G_P = k_{gr}\theta_{gr}^{(T-20)}f_1(N)f_2(I)$，$D_P = (k_{r2}+k_{par}+k_{grz})\theta_{gr}^{(T-20)}$ $f_2(I)$ 为光限制系数，见 wasp6 手册中的式(9-6)。

$$f_1(N) = \min\left(\frac{C_4+C_5}{K_{mN}+C_4+C_5}, \frac{C_7}{K_{mp}+C_7}\right), P_{NH_4} = \frac{C_4C_5}{(K_{mN}+C_4)(K_{mN}+C_5)} + \frac{C_4K_{mN}}{(C_4+C_5)(K_{mN}+C_5)}$$

注：$S_i(i = 1,8)$为式(6-1)中的水质变量。$C_i(i = 1,8)$分别对应于溶解氧、碳生化需氧量、氨氮、硝酸和亚硝酸盐氮、有机氮、正磷酸盐和无机磷，参数取值见表 6-3。

水体中溶解氧的源和汇包含:浮游植物的光合作用和呼吸、大气复氧、硝化作用、底泥耗氧、碳生化需氧量的氧化作用。光合作用和大气复氧为水体中氧气的主要源项。呼吸作用、硝化作用、底泥耗氧以及碳生化需氧量的氧化作用则消耗水体中的氧气。

水体中碳生化需氧量的来源除由人为排放进入水体外,还包含由初级生产力,如浮游植物等死亡带来的矿化产物。碳生化需氧量的汇项包含碳氧化和固体形态的颗粒沉降到水体底部的过程。当溶解氧浓度较低时,反硝化作用也为碳生化需氧量的汇项。

在营养盐循环中,包含氨氮、硝酸亚硝酸盐氮、有机氮、正磷酸盐及有机磷几种营养物质。其中,氨氮、硝酸亚硝酸盐氮、正磷酸盐在生物生长的时候被吸收,并在呼吸和死亡时转化为氨氮、正磷酸盐、有机氮和有机磷。对于氧气含量较高的水体,在硝化细菌的作用下氨氮可以转化为硝酸盐氮。在水体扰动较小的情况下,颗粒状有机磷和有机氮将会下沉并沉积到底部的泥沙层中。而且有机磷和有机氮可在细菌的分解或矿化作用下变成正磷酸盐、氨氮和硝酸盐氮,并被水中植物吸收。

水体中植物的生长受太阳辐射、水体温度、水体中营养盐含量以及透光层深度影响。模型中采用 Michaelis-Menten 函数[279]模拟营养盐对植物生长速率的影响,植物的生长速率在营养盐浓度较低时与营养盐浓度呈线性关系,在营养盐浓度较高时不受营养盐的制约。生长速率仅在透光层,且在光强达到一定程度之前,随着光强增加生长速率变快,模型中采用 Di Toro 等[280]建立的光限制模型进行计算。

6.2.2 水动力 - 水质模型耦合描述

通常水动力模型与水质模型的耦合可采用两种方法:一种方法为直接耦合模式,它将两个模型的代码对接成一个可执行程序;另一种方法是离线耦合模式,先运行水动力模型,并将其计算结果存储起来提供给水质模型来进行水质模拟。采用直接耦合的好处是在计算水质变量时,可以不用事先存储水动力模型的结果数据,这样节省了存储空间和程序读写的时间,并且保证了通量的守恒。但是,若水质模型需要的模拟时间较长,采用这种方法将耗费大量的计算资源,这是由于受计算稳定条件的限制,耦合模型采用的时间步长较单个模型的时间步长要小。另外,离线耦合模式在分析模型敏感度的时候较直接耦合模式具有更好的计算效率。基于上述原因,本书采用离线耦合模式进行模拟。

具体模型间的连接过程为,采用水动力模块计算水动力,其中水动力模块采用第 3 章建立的波浪耦合数值模型,水质变量的计算则采用非结构的 WASP 水质模块。Kim 等[281]也采用类似的方法,不同的是他们采用 FVCOM 与水质模型 CE - QUAL - ICM 进行耦合。采用这种方法可使水动力模块与 WASP 采用相同的计算网格和外部通量而不需要进行修改,在此模型基础上计算了水库的 8 个水质变量的变化过程。非结构的 WASP 模型读取如开边界、河流边界、点源及非点源输入等外部条件,模型在计算过程中每隔一段时间读取水动力模块事先计算好的 NETCDF 格式的水动力数据,它包括诸如水体流速、扩散系数、开边界通量、水位及温度等数据。

6.2.3 输运时间定义

通常采用滞留时间、运输时间、水龄和冲刷时间来研究水体的交换,但是有时即使相同的名称所指代的物理机制或采用的方法和试验程序也会有所不同[282]。为了避免误解,甚至得出错误的结论,有必要对这些时间尺度进行精确的定义[283]。直至最近几年,这一问题的重要性才被一些学者认识到,例如 Monsen 等[284]和 Rueda 等[182]。在这些研究基础上,关于水体时间尺度的定义已经变得越来越精确,与此同时关于理解这一问题所存在的内部困难,以及采用某些不可避免的假定的原因变得更加清晰[190, 285-288]。

经过文献回顾可知,冲刷时间是一个系统的整体量度,而滞留时间和水龄则为局地量度(空间某一区域内的量度)。因此,有必要针对不同的研究问题选择最适当的运输时间尺度[284]。滞留时间是水体质点从某一位置开始运动至离开水体时需要的时间,它对研究目标物质的归宿及河口处的初级生产力具有重要的指导意义[289]。水龄则是滞留时间的一个补充,它是水体质点从边界处运动到水体中特定位置所需的时间。在本书研究中,我们选择了滞留时间和水龄来研究大伙房水库水体的输运时间尺度。

水体的水龄概念首先在恒定流问题中提出。假定某种物质的传输为稳态,即总质量和分布的统计特征不随时间改变,Bolin 和 Rodhe[283]定义某物质自进入水体开始所消耗的时间为该物质的水龄。定义 $M(\tau)$ 为物质停留在水体中的时间小于或等于 τ 的量,容器中总的物质的量为 M_0,与水龄相关的该物质的频率函数 $\varphi(t)$ 定义为

$$\varphi = \frac{1}{M_0}\frac{\mathrm{d}M(\tau)}{\mathrm{d}\tau} \tag{6-2}$$

其中,M_0 满足极限条件

$$M_0 = \underset{\tau\to\infty}{\mathrm{Lim}} M(\tau) \tag{6-3}$$

平均年龄 τ_a 定义如下:

$$\tau_a = \int_0^\infty \tau\varphi(\tau)\,\mathrm{d}\tau \tag{6-4}$$

物质的滞留时间根据 Zimmerman[290]的定义,为物质从初始位置至流出计算区域所消耗的时间,初始位置为水体中的任一位置。定义物质总量在 $\tau=0$ 时为 R_0,在 τ 时刻仍保留在水体中的总量为 $R(\tau)$,$R(\tau)$ 为滞留时间大于 τ 的物质的量,滞留时间分布函数可定义如下:

$$\varphi = -\frac{1}{R_0}\frac{\mathrm{d}R(\tau)}{\mathrm{d}\tau} \tag{6-5}$$

可近一步假定

$$\underset{\tau\to\infty}{\mathrm{Lim}} R(\tau) = 0 \tag{6-6}$$

物质的平均滞留时间定义为

$$\tau_r = \int_0^\infty \tau\varphi(\tau)\,\mathrm{d}\tau \tag{6-7}$$

通过分部积分上面的方程得到

$$\tau_r = \int_0^\infty \frac{R(\tau)}{R_0}\mathrm{d}\tau = \int_0^\infty r(t)\,\mathrm{d}\tau \tag{6-8}$$

其中,$r(\tau)=R(\tau)/R_0$ 又叫作剩余函数[291]。由于剩余函数是考虑某一独立的物质,若知道该物质的剩余函数,可直接用于计算在某一位置、某一时间排入水体中的污染物的滞留时间。

理论上讲,式(6-8)从时间上应该积分到水体中物质的剩余量为零,这将需要非常长的时间,且在真实应用中不具有可行性。因此,在实际应用中通常取一个积分上限,在本

书研究中，积分上限取研究区域计算的平均滞留时间相对于上一时刻的相对误差 $\tau_{err}^{n}=(\tau_{r}^{(n+1)t}-\tau_{r}^{nt})/t_{r}^{(n+1)t}$ 小于0.001时，其中 n 为计算时间步，在文献[285, 289, 292]中亦采用类似的方法。

在河口和近海研究中，污染物通过多种途径排入水体，包含河流排放、侧边界排放以及点源排放。我们对某一特定物质从进入水体开始到传输至某一位置所消耗的时间更感兴趣。Deleersnijder 等[293]提出了一种计算水体水龄的基本理论。假定处于位置 x 在时刻 t 时水质点包含的可溶示踪物质的年龄分布谱为 $c(t,x,\tau)$，其中 t 为水龄。关于水龄谱方程为

$$\frac{\partial c}{\partial t}=p-d-\nabla\cdot(uc-K\cdot\nabla c)-\frac{\partial c}{\partial\tau}\tag{6-9}$$

式中：p 和 d 分别为产生速率和消亡速率；u 为水流速度；K 为涡扩散系数；等式右边最后一项表达了示踪物质的水龄。

式(6-9)可以用来直接模拟水龄的谱分布，但是采用这种方法描述水龄需要相当可观的计算量。

水体中示踪物质的浓度为水龄谱相对于水龄的积分 $C(t,x)=\int_0^\infty c(t,x,\tau)\mathrm{d}\tau$，而平均水龄 $a(t,x)$ 为谱的一阶矩 $a(t,x)=\int_0^\infty \tau c(t,x,\tau)\mathrm{d}\tau/\int_0^\infty c(t,x,\tau)\mathrm{d}\tau$。如果我们定义 $\alpha(t,x)=\int_0^\infty \tau c(t,x,\tau)\mathrm{d}\tau$，则有

$$a(t,x)=\frac{\alpha(t,x)}{C(t,x)}\tag{6-10}$$

通过对式(6-9)及式(6-9)$\times\tau$ 在 τ 上的积分得到示踪物质的浓度方程和水龄浓度方程。假定只有一种示踪物质流入计算区域且忽略源汇项，则上述两个方程可写成如下形式：

$$\frac{\partial C}{\partial t}=-\nabla\cdot(uC-K\cdot\nabla C)\tag{6-11}$$

$$\frac{\partial\alpha}{\partial t}=C-\nabla\cdot(u\alpha-K\cdot\nabla\alpha)\tag{6-12}$$

式(6-11)和式(6-12)可以与水动力方程同时进行计算。求解的初始条件中 C 和 α 均为0，在3个河流入口处释放示踪物质。通过式(6-10)得到河流排放口处释放的示踪物质在整个水体中的水龄分布。

6.3　模型设置及验证

模型计算的水库区域上游边界取至：浑河的北杂木附近，苏子河的古楼附近以及社河的台沟附近。为了很好地拟合不规则的边界条件，水平分辨率约200 m。计算网格包含3 041个节点和5 042个三角形单元，如图6-3所示。在垂向上分为5个均匀的sigma层，这导致在近岸水深小于5 m处的垂向分辨率为0.1～1 m，在水深35 m处的垂向分辨率为7 m。模型采用的地形根据大伙房水库管理局和辽宁环境科学研究院联合进行的实际勘察数据(图6-1中点画线)，采用加权反距离法插值到计算网格，插值后的地形见图6-4。

根据 CFL 计算条件,外模时间步长取为 8 s,内模时间为外模时间的 10 倍。模型模拟时间从 2005 年 4 月 1 日开始至 2006 年 11 月 31 日结束,书中的分析数据采用 2006 年的模拟结果。

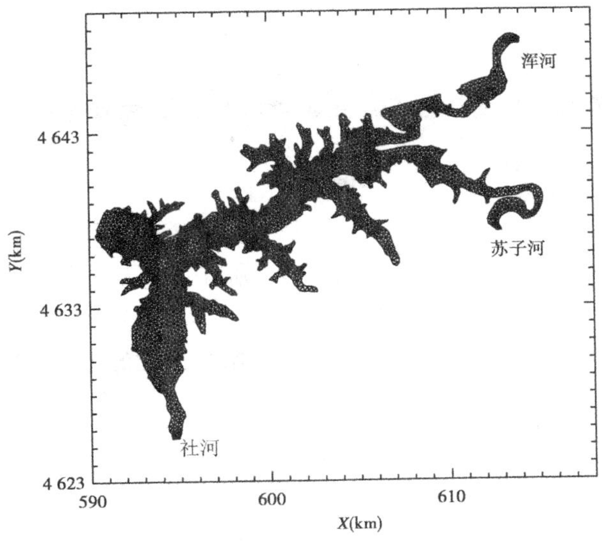

图 6-3 模型区域所划分的非结构网格

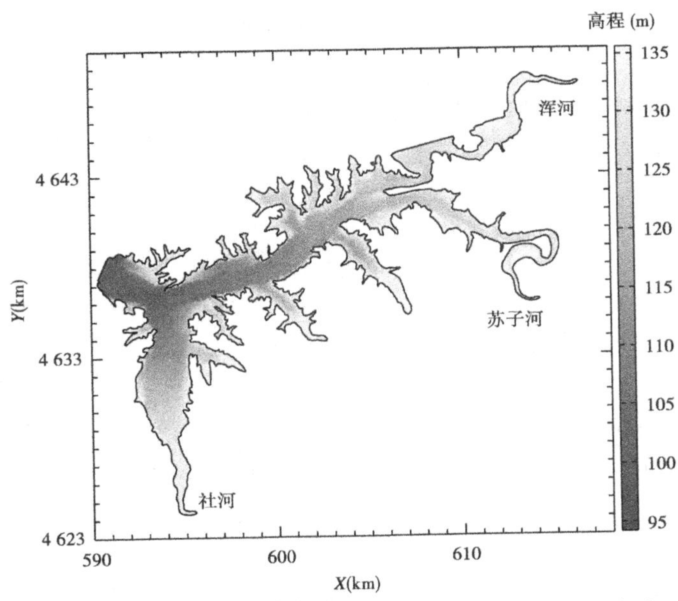

图 6-4 通过调查水深断面插值得到的大伙房水库水底地形

模型中包含 3 条河流和 5 个水流出口,具体位置见图 6-1。这些河流及出水口的流量随时间变化的具体过程见图 6-5。底部粗糙系数 z_0 取为 0.001 m。降水量、蒸发量、云量、空气温度、风、相对湿度采用 NCEP 每隔 6 小时平均的再分析资料,在空间上采用双线性插值,在时间上采用线性插值到每个网格点上,图 6-6 给出了部分气象条件。采用这些条件,根据文献[294]描述的方法计算表层热通量。在侧边界和底部,温度的法向梯度为

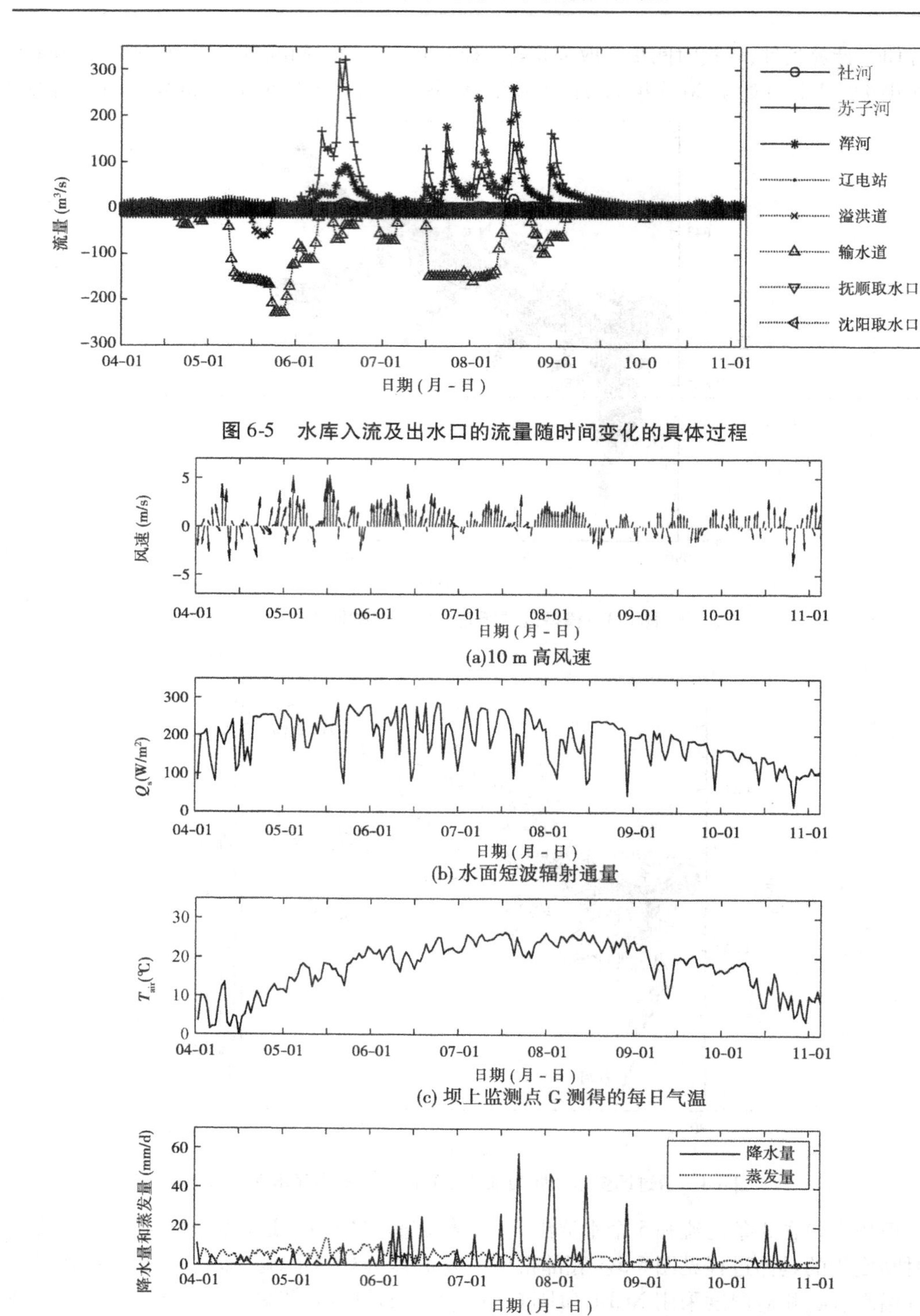

图 6-5　水库入流及出水口的流量随时间变化的具体过程

(a)10 m 高风速

(b) 水面短波辐射通量

(c) 坝上监测点 G 测得的每日气温

(d) 监测点 F 测得的日降水量、蒸发量

图 6-6　大伙房水库 2006 年 4 ~ 11 月的气象条件

零。模型初始温度场设为均匀场，大小采用对应时间的坝前测站的温度，模型采用冷起动，初始水位与流速均为零。

水动力模型的计算结果每隔 30 min 保存至文件中，以备接下来的水质模型调运。水质模型的初始条件根据 4 月 25 日的调查资料确定，开边界处的条件根据古楼、台沟和北杂木处的测站数据确定。结合以往研究成果，水质模型采用的主要参数见表 6-3。对于不同的研究区域，某些参数可能有所不同，通过模拟结果与实测数据的对比分析，对参数进行适当调整，模型中参数的最终取值见表 6-3。此外，氮和磷的底部通量作为系统的额外的营养盐通量进入模拟系统[295]，取值根据模型校验结果进行调整。

表 6-3 水质模型采用的主要参数及变量取值

名称	描述	取值
k_{d1}	20 ℃时的碳生化需氧量氧化速率	0.18 d^{-1}
k_{ni}	20 ℃时的硝化速率	0.09 d^{-1}
k_{r2}	20 ℃时浮游植物呼吸率	0.10 d^{-1}
k_{dn}	20 ℃时的脱硝速率	0.09 d^{-1}
k_{gr}	20 ℃时浮游植物最大生长率	2.5 d^{-1}
$k_{par}+k_{grz}$	20 ℃时浮游植物代谢死亡率	0.04 d^{-1}
k_{m1}	20 ℃时有机氮的矿化率	0.075 d^{-1}
k_{m2}	20 ℃时有机磷的矿化率	0.22 d^{-1}
θ_{r1}	复氧的温度调整系数	1.028
θ_{d1}	k_{d1}的温度调整系数	1.047
θ_{ni}	k_{ni}的温度调整系数	1.080
θ_{r2}	k_{r2}的温度调整系数	1.080
θ_{dn}	k_{dn}的温度调整系数	1.080
θ_{gr}	k_{gr}的温度调整系数	1.066
θ_{mr}	$k_{par}+k_{grz}$的温度调整系数	1.000
θ_{m1}	k_{m1}的温度调整系数	1.080
θ_{m2}	k_{m2}的温度调整系数	1.080
θ_{SOD}	底泥需氧量的温度调整系数	1.080
SOD	20 ℃时底泥需氧量	0.2 $g\ m^{-2}\cdot d^{-1}$
K_{bod}	碳生化需氧量氧化的半饱和浓度	0.5 $mg\ O^2\cdot L^{-1}$
K_{nitr}	硝化作用的半饱和浓度	0.5 $mg\ O^2\cdot L^{-1}$
K_{NO3}	脱硝作用的半饱和浓度	0.1 $mg\ O^2\cdot L^{-1}$
K_{mN}	无机氮的半饱和浓度	25.0 $\mu g\ N\cdot L^{-1}$

续表 6-3

名称	描述	取值
K_{mP}	无机磷的半饱和浓度	1.0 μg P · L^{-1}
K_{mPc}	矿化作用的半饱和浓度	1.0 mg C · L^{-1}
W_{2S}	有机颗粒的沉降速率	0.05 m · d^{-1}
W_{3S}	浮游植物沉降速率	0.05 m · d^{-1}
f_{D2}	碳生化需氧量中溶解态的比例	1.0
f_{D6}	有机氮中溶解态的比例	1.0
f_{D8}	有机磷中溶解态的比例	1.0
f_{on}	浮游植物释出磷中所含有机氮的比例	0.5
f_{op}	浮游植物释出磷中所含有机磷的比例	0.45
a_{nc}	浮游植物中氮碳比	0.25
a_{pc}	浮游植物中磷碳比	0.025
k_e	光透射系数	1.0 m^{-1}
I_s	浮游植物生长所需的最适光强度	250.0 ly · d^{-1}

注：表中参数取值参考文献[278, 295, 296]中的取值，并根据模型校验进行适当调整。

6.3.1　水位验证

模型首先对水位进行了验证，验证数据采用2006年4月1日至2006年11月1日的坝前实测水位数据，水位监测站所在的具体位置见图6-1。图6-7给出了坝上测站点G处模型模拟的表面水位与实测水位数据的对比结果。模拟结果与实测结果吻合良好，均方根误差为0.31 m。由于采用动边界，模型能够描绘水位大幅度变化导致的干湿转换过程，验证结果表明模型能够很好地再现水库的水位变化过程，这也说明模型的计算结果是合理的，可进一步用于研究水体的输运过程。

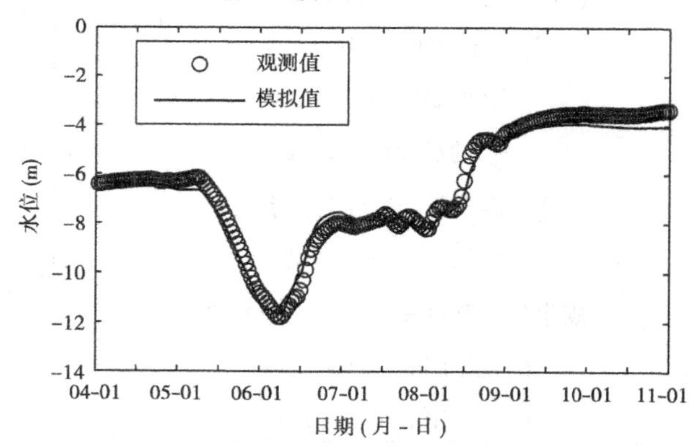

图 6-7　坝上测站点 G 处模型模拟的表面水位模拟与实测水位数据的对比结果

6.3.2 水温验证

采用温度数据对水动力模型进行检验，模拟结果表明6个测站的表层温度和底层温度随着时间推移而发生变化，再现了温度的季节变化过程。图6-8给出了测点的水温模拟值与实测值对比结果，由于在测站E处只在中层有实测数据，在测站G处只在表层有实测数据，故书中也只给出了对应层的数值模拟结果。模拟的温度变化趋势与实测变化趋势一致，此外垂向分层上的模拟温度也与实测结果吻合良好，这表明模型可以较准确地模拟水库的温度变化。随着外部条件数据的完备及数据精度的提高，模拟结果可得到进一步改善。

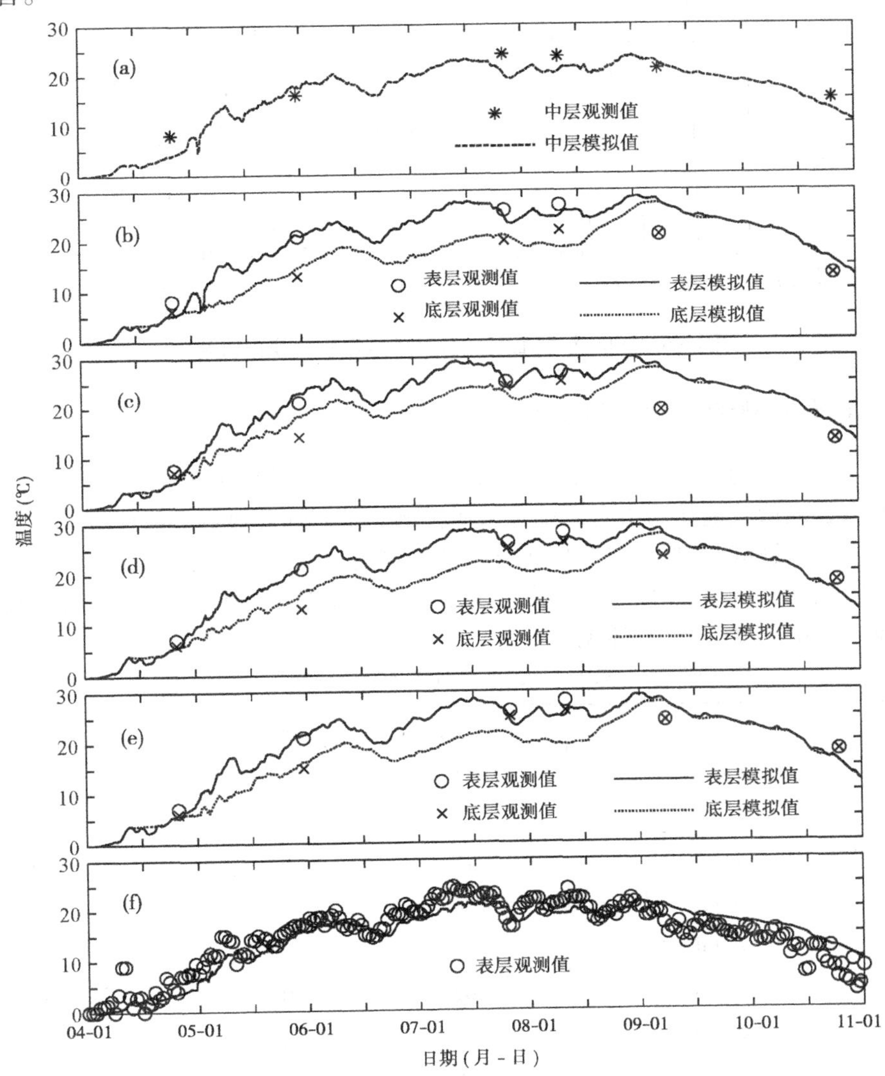

图6-8 测点的水温模拟值与实测值对比((a)~(f)对应测点E、A、B、C、D、G)

2006 年坝上测站 G 处的水温垂向模拟值变化见图 6-9。垂向温度分层从春季(5 月初)开始至夏季达到顶峰,温度跃层深度约在静水面下 5 m 左右,它阻碍了表层暖水和底层冷水间的交换,从 9 月 15 日开始表层水体变冷,在风生混合作用下水体垂向上又开始混合均匀,模型很好地模拟了温度跃层从开始至消失这一现象。模拟结果表明模型很好地再现了水库水体的春季变暖、秋季降温及风生混合现象。

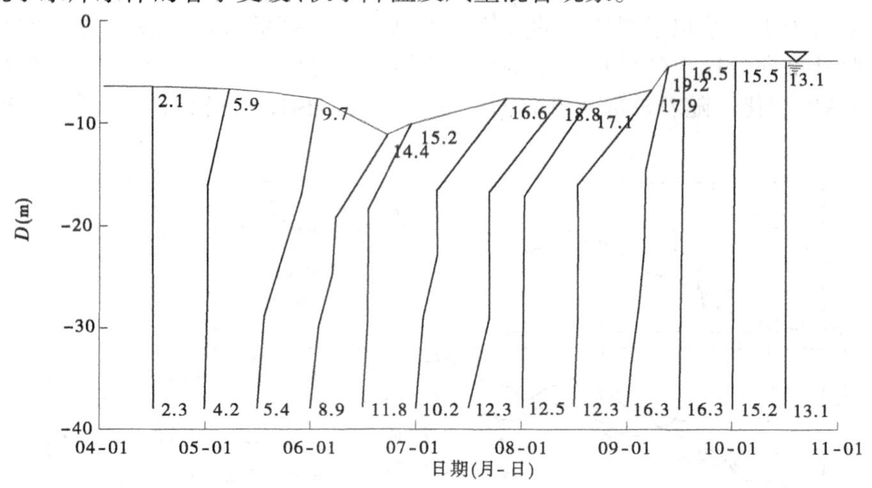

图 6-9　2006 年坝上测站 G 处的水温垂向模拟值变化

6.3.3　水质模型参数敏感度分析

不同研究区域的水质模型参数不尽相同,且一些参数的取值范围较大[155],以往研究结果中的参数取值只能作为参考。确定水质模型的敏感性参数对准确预报水质变量具有重要作用,通过敏感度分析可以掌握研究区域的水质对哪些参数敏感,这里对建立的水质模型进行敏感度分析,敏感度分析中参数的取值参考前人文献中的研究成果,选取 9 个参数对模型进行敏感度分析,具体见表 6-4。

表 6-4　敏感度分析中所用参数

序号	参数	基准值	-50%	+50%
1	k_{d1} (d^{-1})	0.18	0.09	0.27
2	k_{ni} (d^{-1})	0.09	0.045	0.135
3	k_{r2} (d^{-1})	0.15	0.075	0.225
4	$k_{par}+k_{grz}$ (d^{-1})	0.04	0.02	0.06
5	k_{gr} (d^{-1})	3.0	1.5	4.5
6	k_{dn} (d^{-1})	0.09	0.045	0.135
7	k_{m1} (d^{-1})	0.1	0.05	0.15
8	k_{m2} (d^{-1})	0.2	0.1	0.3
9	SOD($g \cdot m^{-2} \cdot d^{-1}$)	0.2	0.1	0.3

采用表6-4中的参数进行了一系列的模拟，对模型的参数敏感度进行研究，采用变动一个研究参数而保持其他的参数均不变的办法，参数变动范围为上下调整50%。2006年9月15日测站E处表层水体的水质对每个参数的敏感度分析结果见图6-10。

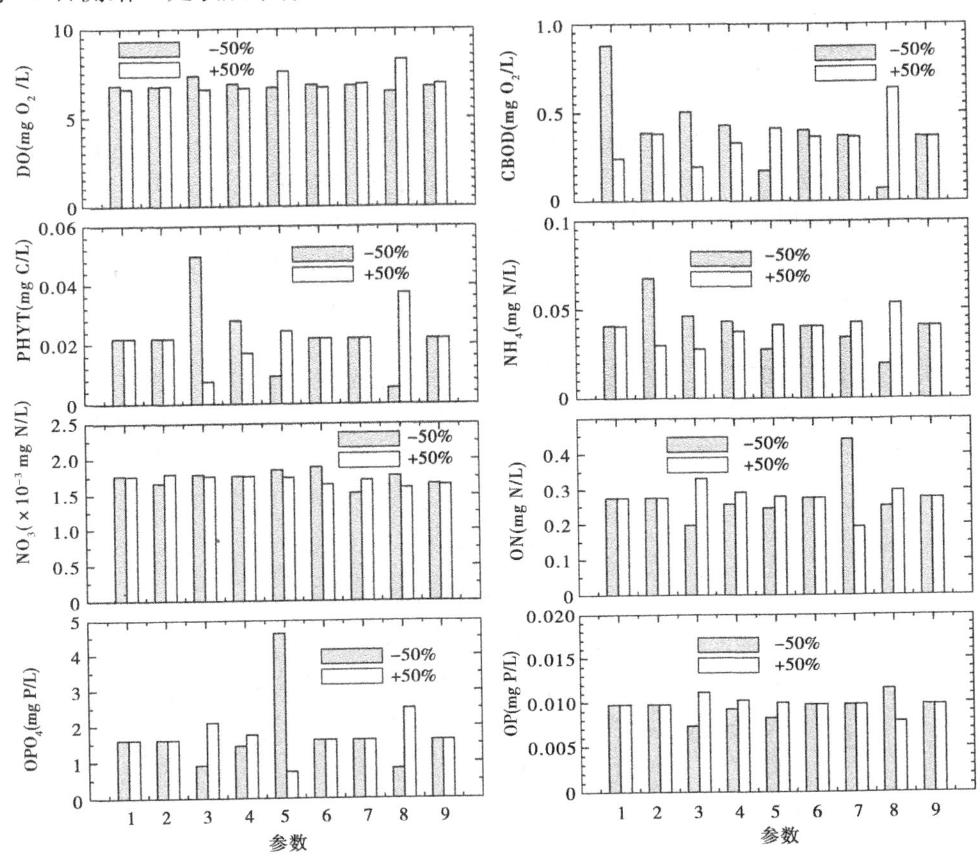

图6-10　2006年9月15日测站E处表层水体的水质对每个参数的敏感度分析结果

从模拟结果来看，影响溶解氧含量的主要因素包含植物呼吸速度、植物生长速度和有机磷矿化速度，其他参数对水体中溶解氧含量影响较小。总体来说，溶解氧水平直接或间接地受浮游植物含量的影响，如有机磷矿化速度会间接地影响水体中磷循环，进而会影响到水体中浮游植物含量；而浮游植物呼吸、死亡及生长速率则直接影响水体中浮游植物的含量。由于浮游植物含量的变化可间接导致水体中无机磷、有机磷、亚硝酸盐和硝酸盐氮、氨氮、有机氮和碳生化需氧量的变化。此外，脱氧率对碳生化需氧量含量影响较大。通过上述分析，发现模型对植物呼吸速度、生长速度、死亡速度、有机磷矿化速度比较敏感。因此，这些参数需要结合实测数据通过数值校验确定，对模型结果不太敏感的参数则参考以往相关文献进行取值。

需要注意的是，书中的结果只是针对研究的大伙房水库而言的，尽管许多参数仍适用于其他相近的水域[157]。通过敏感度分析，我们重点关注的水质参数大大减小，而且知道模型对参数的敏感程度可简化模型参数的校准过程。

6.4　结果与讨论

6.4.1　水库水体滞留时间

有两种方法可以用于计算水体的滞留时间。一种方法是通过伴随方法求解，具体介绍见文献[297]，通过该方法可以计算单位水体的滞留时间，但是由于采用的程序相对复杂，不易于实施。另一种方法是采用直接计算的方法，它相对简单，易于实施，只需要求解对流扩散方程就可以，但是若想得到与伴随方法同样精度的结果则需要大量的计算耗时。这也使得采用第二种方法时大多只计算某一区域在空间和时间上的平均值，通常采用的方法是把研究区域进行划分，然后计算各个小区域的滞留时间。本书采用第二种方法进行模拟。

大伙房水库被分成7个子区域，区域的具体分区情况见图6-11。模型中采用示踪物质进行模拟，在研究的特定子区域示踪物质浓度为1，相应的其他区域浓度为0。

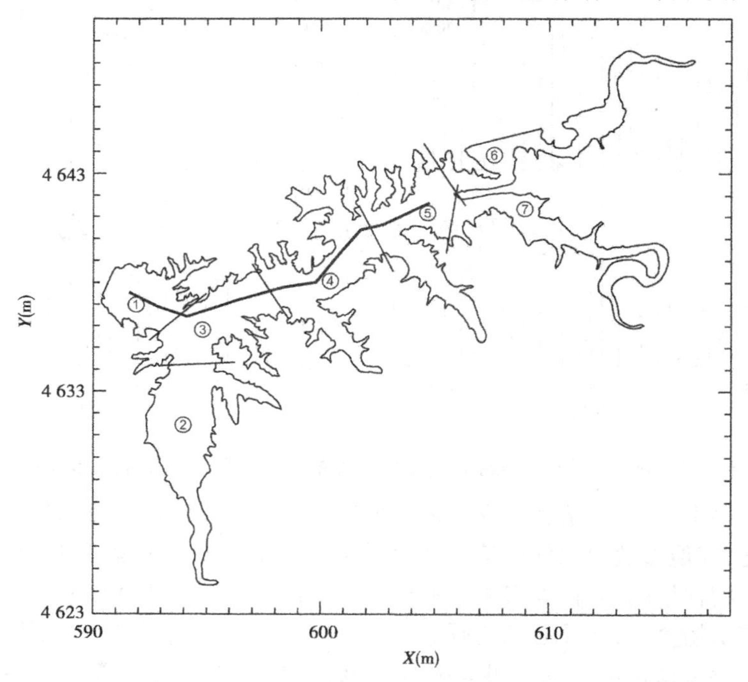

图6-11　计算水体滞留时间所采用的区域划分

（黑色粗线为图6-16中所画垂向断面所在的水平位置）

河流的排放是影响水体长时间输移的一个重要因素[298]。河流的流量存在一个明显的季节变化（见图6-5），为了研究河流流量变化对水库滞留时间的影响，设置了3种试验工况。根据流量统计资料，采用累积频率为20%的流量代表低流量，平均值代表平均流量，累积频率为90%的流量代表高流量，对应的3条河流的流量见表6-5。

表 6-5　不同模拟工况下的 3 条河流的流量　（单位：m^3/s）

河流名称	高流量	平均流量	低流量
浑河	66.9	27.45	6.22
社河	4.3	2.36	1.12
苏子河	90.2	33.27	7.18

我们对每个研究区域运行 3 种试验工况，共进行 21 次模拟。对应于不同工况条件下的 7 个研究区域的水体平均滞留时间结果见图 6-12。社河的河流流量较小导致区域 2 的滞留时间较长，即使它的位置靠近水库出口。通过高流量、平均流量、低流量情况下的平均滞留时间的计算结果对比可发现，在上游 3 种流量条件下的差异非常明显，在区域 6 和区域 7 处，几种流量条件下对应的滞留时间几乎相同，对于区域 7 来讲，在高流量、平均流量、低流量情况下水体滞留时间分别为 125.42 d、236.75 d 和 521.55 d。高流量和低流量情形下的滞留时间相差 111.33 d，平均流量和低流量情形下则相差 284.8 d。总地来说，越向坝前靠近，水体的滞留时间越小，此外还发现随着河流流量增大，水体的滞留时间减小，这表明河流流量对大伙房水库的水体滞留时间具有重要影响。夏季流量较大（见图 6-5），水体的滞留时间较短，将有助于水库中污染物的清除。

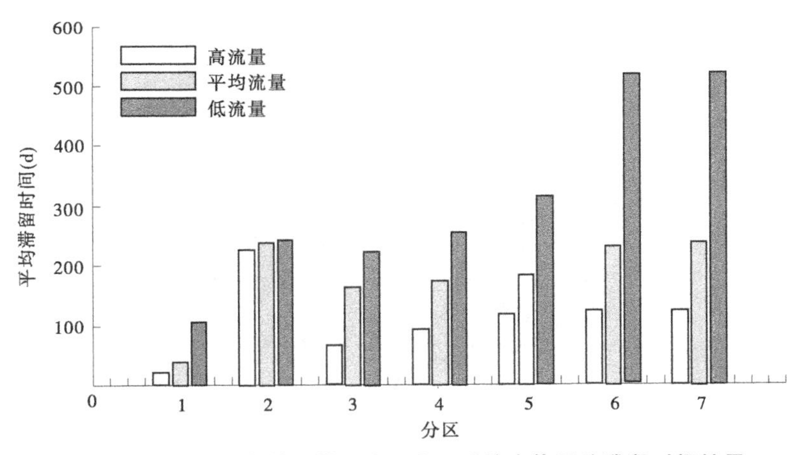

图 6-12　不同工况条件下的 7 个研究区域的水体平均滞留时间结果

6.4.2　水库水体水龄

我们采用水龄来估算物质从初始位置输运至水库某一特定位置时所需要的时间。采用表 6-5 中高流量、平均流量及低流量 3 种试验工况对水库的水龄分布进行模拟，示踪物质从浑河、社河和苏子河的上游位置流入水库。采用无耗散的被动示踪物质来代表水体中的溶解物质，示踪物质的浓度（相对浓度）为单位 1，从 3 条河流的上游连续排放到水库中。模型从静止开始先运行 2 个月，在达到一个动态平衡后，于河流上游释放示踪物质。

由于我们对平衡状态下的水龄分布更感兴趣，这里我们将水温保持恒定，模型只受河流的驱动,在高流量、平均流量、低流量 3 种试验条件下,模型运行 2 年,在第二年末,低流量下的水龄分布呈现动态平衡,对此时的平均水龄分布进行分析。通过式(6-10)求解每个垂向层面上的水龄值,通过加权平均得到垂向平均值,垂向平均后的水龄平面分布结果见图 6-13。等值线上的数据代表平均水龄值,结果表明下游处的水体水龄较长,北岸的水龄较南岸的水龄要小,这是地形和科氏力联合作用的结果。

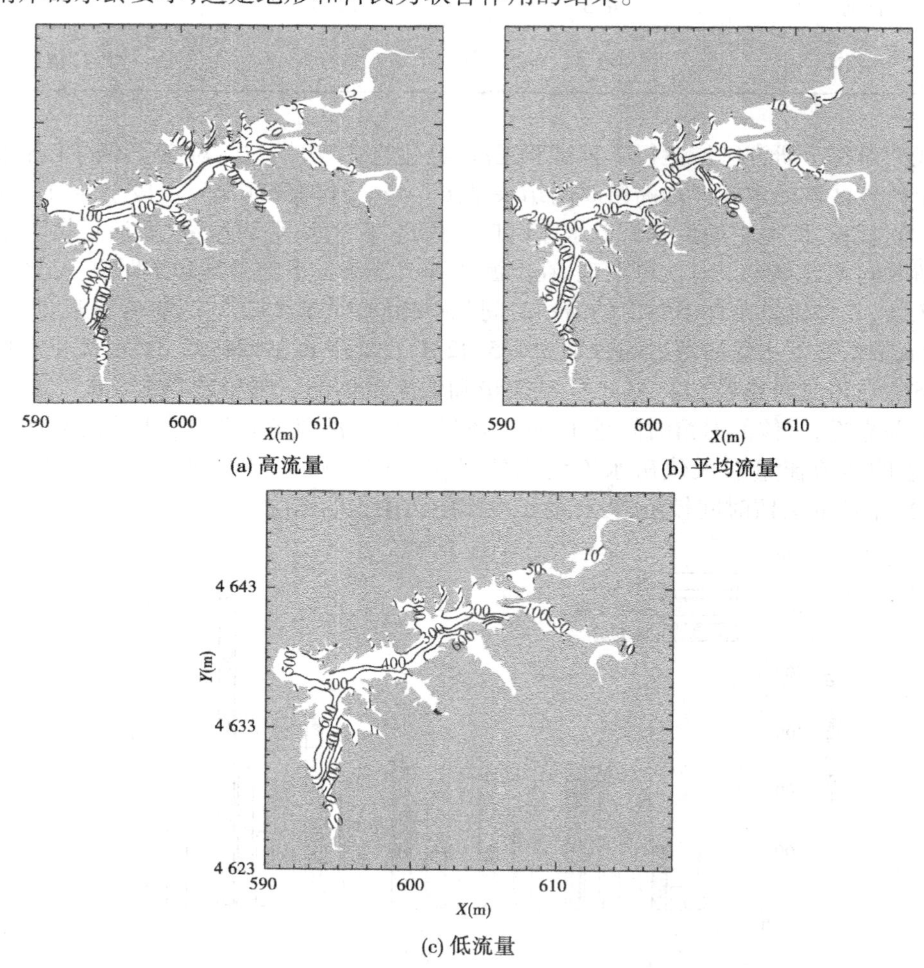

(a) 高流量　(b) 平均流量　(c) 低流量

图 6-13　**在高流量、平均流量、低流量情况下,大伙房水库垂向平均后的水龄平面分布结果**

水龄的分布与河流的流量相关,在高流量时污染物需要 10 d 到达浑河和苏子河的交汇处,到达水库坝前则需要约 100 d;在平均流量条件下,所需要时间剧增,到达交汇处和坝前所需要的时间分别为 30 d 和 200 d;在低流量条件下,则需要 500 d 才能流出水库。需要注意的是,这里得出的结果是只在河流驱动下的结果。

为了检验温度季节变化导致的密度流和风对水龄分布的影响,我们比较了模型在高流量和平均流量情形下,在下面三种工况下的结果:(EXP1) 受真实条件驱动;(EXP2) 不考虑风应力作用,其他条件与 EXP1 一样;(EXP3) 只受河流的驱动。

从图 6-14 可以发现,水库主河道的水龄要较河道侧边小,尤其在一些河汊处,这种现象可以用河汊处的水体运动进行解释。图 6-15 给出了大伙房水库在高流量和平均流量

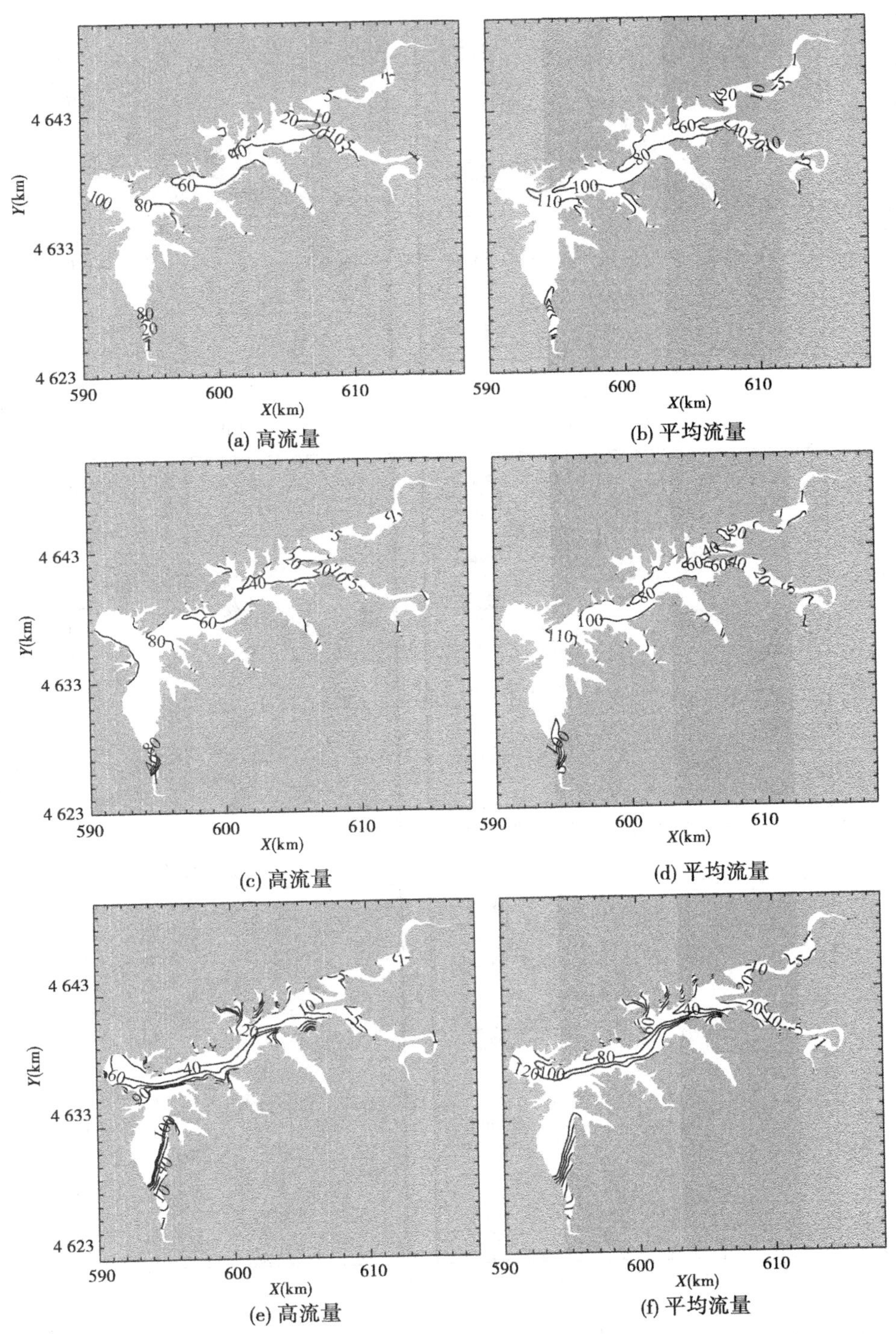

图 6-14 2006 年 10 月 15 日模拟的大伙房水库在高流量、平均流量条件下对应于 EXP1 [(a)、(b)], EXP2 [(c)、(d)]和 EXP3 [(e)、(f)]的垂向平均水龄平面分布 (单位:d)

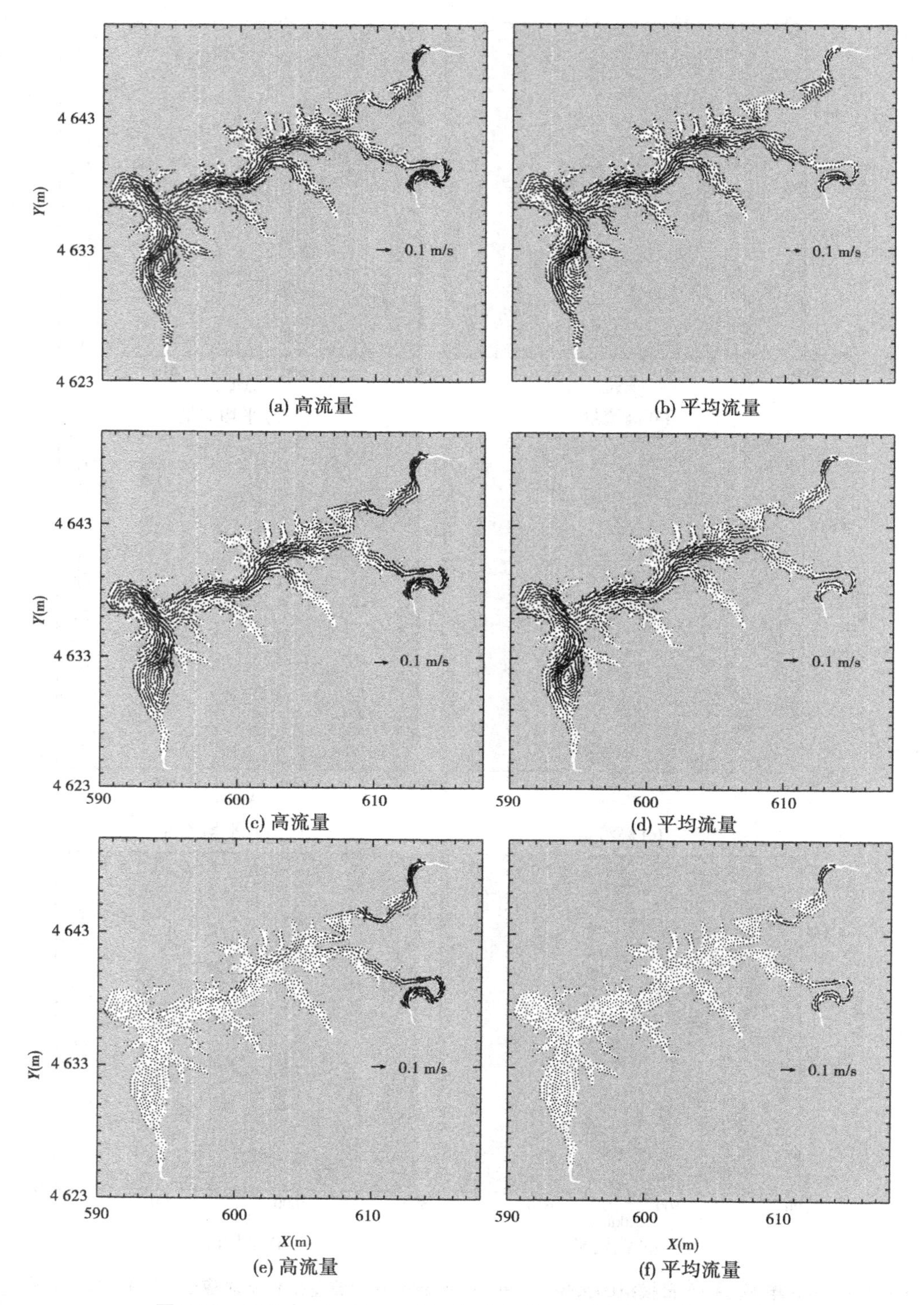

图 6-15　2006 年 10 月 15 日模拟的大伙房水库在高流量、平均流量条件下对应于 EXP1［(a)、(b)］，EXP2［(c)、(d)］和 EXP3［(e)、(f)］的表层流速平面分布

条件下的表层流速平面分布结果，可以发现在主河道处的水体流速要较河道侧边处的水体流速大，因为在深水道处的重力流发展更充分，它增强了水体的输运[299]。通过对比EXP1［见图6-14(a)、(b)］和EXP2［见图6-14(c)、(d)］条件下的水龄分布，表明风对整个水龄分布影响不大，另外通过对比EXP1［见图6-14(a)、(b)］和EXP3［见图6-14(e)、(f)］条件下的水龄分布，表明密度流对整个水龄分布影响较大。

在高流量、平均流量条件下考虑和未考虑密度流的垂向水龄分布见图6-16，可以发现表层的水龄要较底层的水龄大，表层、底层水龄相差从上游向下游递减，这表明垂向水龄分布受重力流影响，模型结果亦表明随着河流流量增加垂向上的水龄值变小。

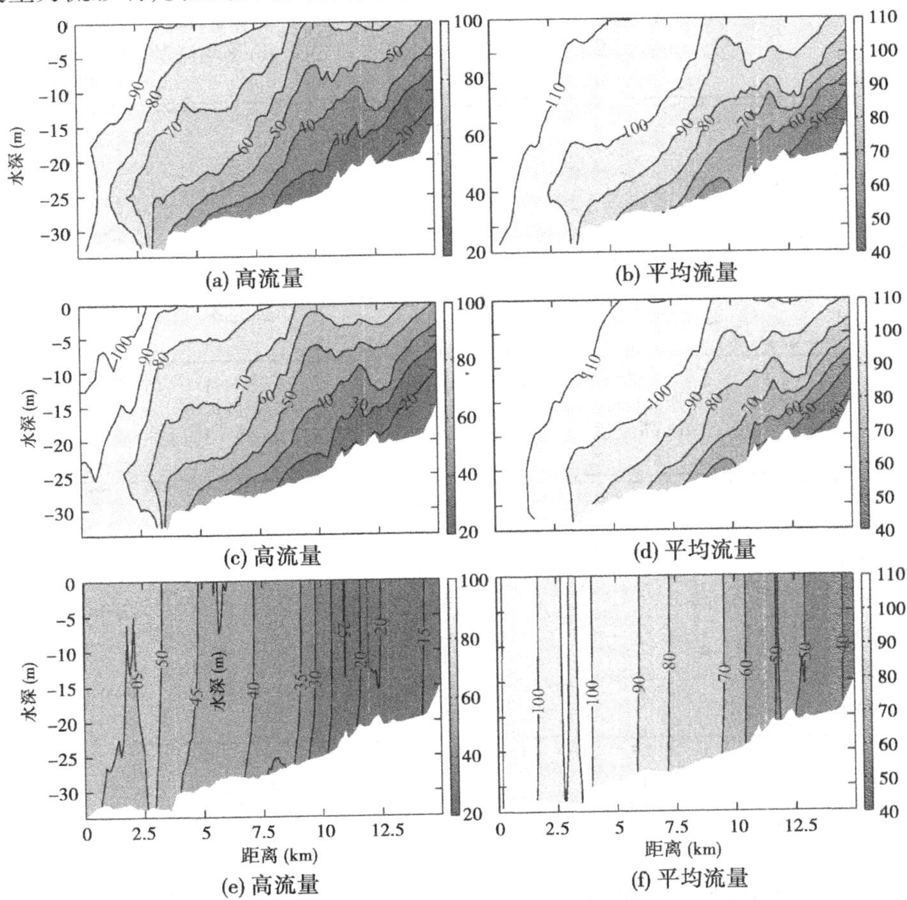

图6-16 2006年10月15日模拟的大伙房水库在高流量、平均流量条件下对应于EXP1［(a)、(b)］，EXP2［(c)、(d)］和EXP3［(e)、(f)］沿图6-11中断面的垂向水龄分布 （单位：d）

从图6-17(a)、(b)可以发现，表层水体向上游运动，而底层水体向下游运动，近底层的流速要较表层的大，与之相对应会有更多的物质从近底层传输。从图6-17(e)、(f)知，当河流流量较小时，向下游的流速变得很小。对比考虑与不考虑密度流时的结果［见图6-17(a)、(e)］，发现在EXP1条件下，近底层流速最大约0.05 m/s，远大于在EXP3条件下的0.02 m/s，表明密度流在水库水体循环中起着重要作用，可引起水龄的垂向分布。

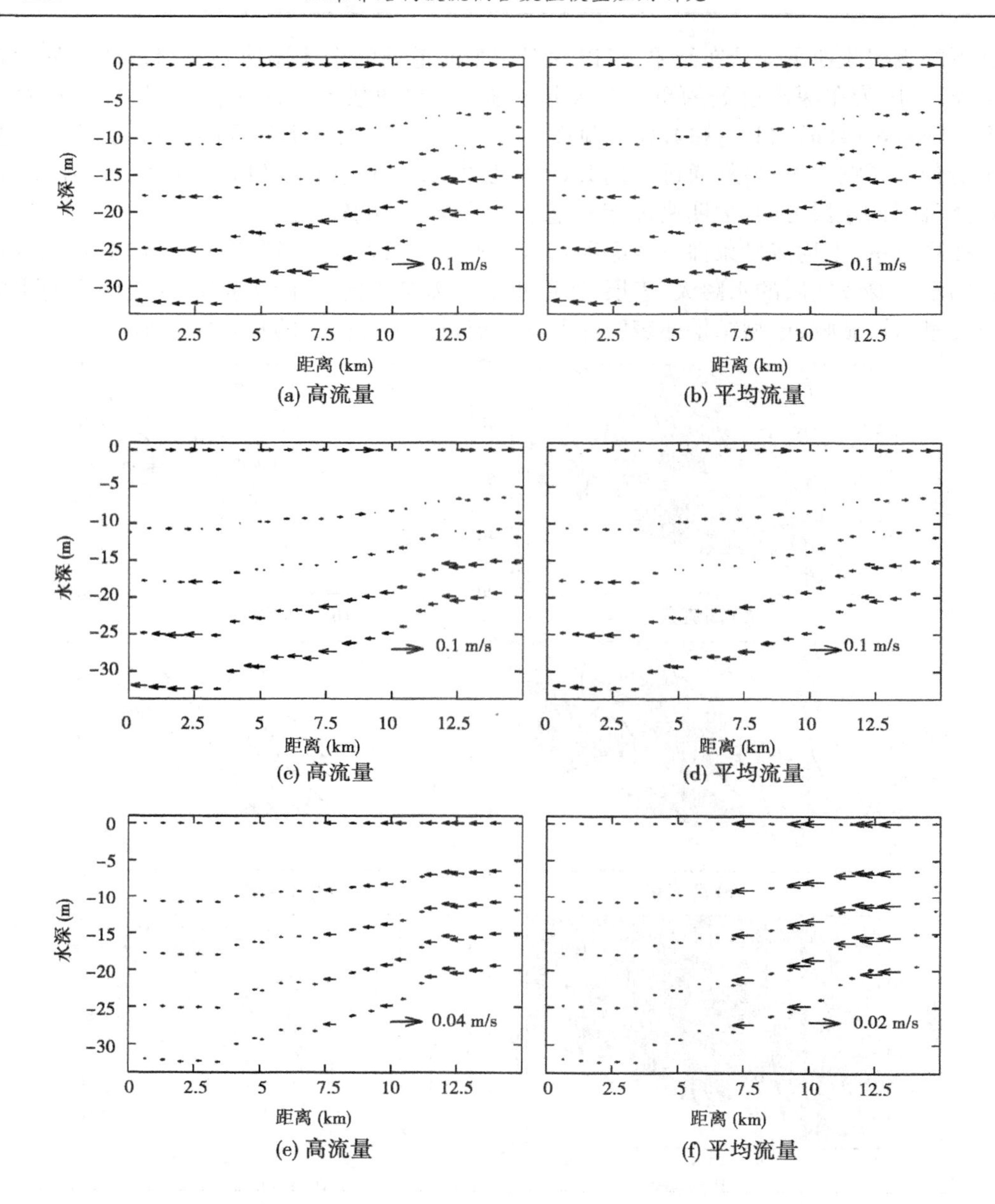

图 6-17　在 2006 年 10 月 15 日模拟的大伙房水库在高流量、平均流量条件下对应于 EXP1［(a)、(b)］，EXP2［(c)、(d)］和 EXP3［(e)、(f)］沿图 6-11 中断面的垂向流速

6.4.3　水库水体水质

图 6-18 给出了在测站 E 处中层水体 DO、CBOD、NH_4、NO_3、ON 和 TP 的模拟值与实测值随季节变化的对比结果。该测站位于水库坝前，由于取水口大都设置在坝前附近，故对该点的水质验证具有重要意义。

观测和模拟的中层溶解氧呈现出明显的季节变化特征，在春季末观测到的溶解氧浓度大约为 10 mg O_2/L，随着水库出现层化现象，溶解氧浓度在秋季末约为 5 mg O_2/L，然后随着混合加强迅速恢复。模型很好地再现了测量时刻溶解氧的数值大小以及从富氧到缺氧的变化过程。

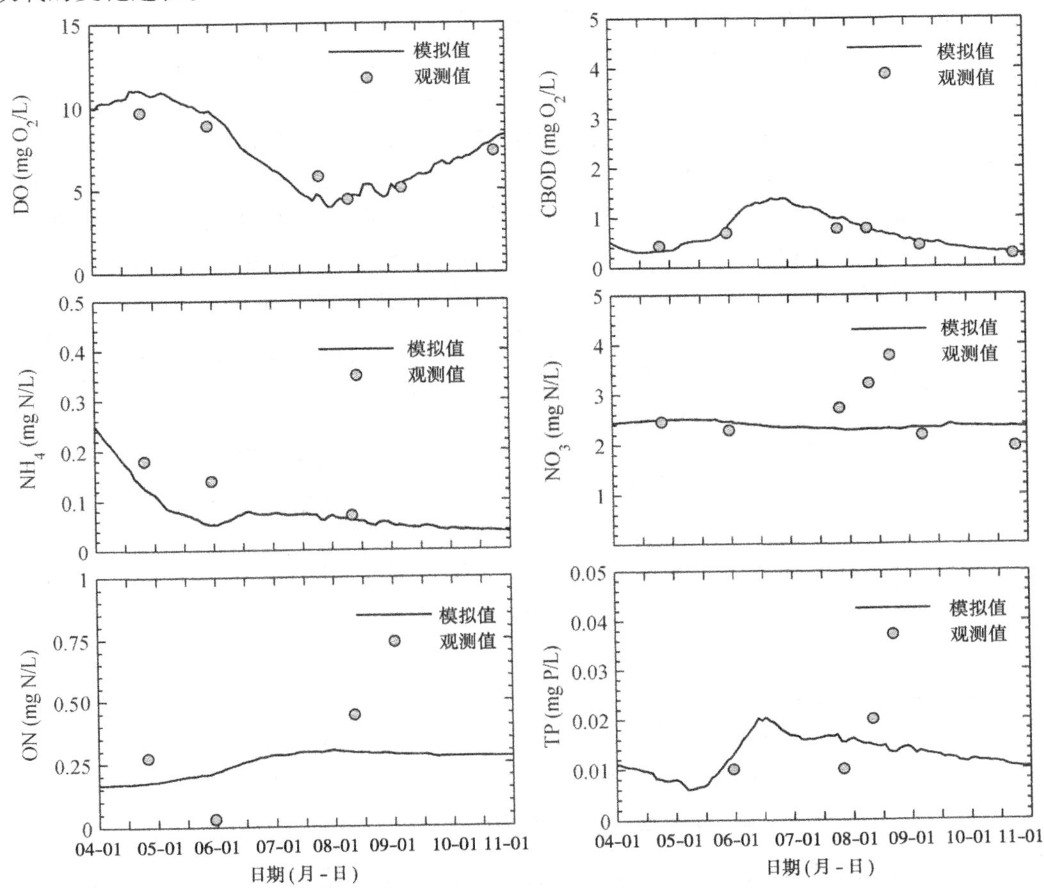

图 6-18　测站 E 处中层水体 DO、CBOD、NH_4、NO_3、ON 和 TP 的模拟值与实测值随季节变化的对比结果(圆形代表监测值,黑线代表模拟值)

观测结果表明,碳生化需氧量的浓度在前几个月上升,而在剩下的几个月里呈下降趋势,模型的模拟结果也再现了这一现象。计算的最大值发生在 7 月 1 日附近,值约为 1.5 mg O_2/L,与出现最高浮游植物浓度的时间吻合。

模拟的氨氮、硝酸盐氮和有机氮随着时间变化,趋势与实测值吻合良好。水中氨氮的浓度最大发生在早春,值大约为 0.25 mg N/L,在这几个月里,氨氮主要由河流带入水库且水库中植物的吸收较少。随着水体变暖和日照时间变长,浮游植物大量生长导致氨氮含量减小,至 7 月 1 日浓度约为 0.05 mg N/L。尽管浮游植物仍保持增长,但是随着河流流量的增加,带入水库中的氨氮也有所增加,致使水库中的含量在接下来几个月不会明显减少。综合了植物的生长和河流的输入影响,水库中有机氮的浓度在 8 月 1 日前呈现缓慢增加的趋势,在剩下的月份里略有所下降,而水库中硝酸盐氮的浓度相对较高,变化趋势不明显。

模拟的无机磷与硝酸盐氮呈现出相同的变化趋势。由于实际监测时只有总磷的监测数据,故这里只给出总磷的模拟结果。最大浓度发生在 6 月 15 日,最大值约为 0.02 mg P/L,对应于比较高的浮游植物浓度。由于浮游植物死亡是总磷的源项,接下来几个月浮游植物浓度呈下降趋势,导致剩下的模拟时间里总磷的浓度缓慢下降。

由于缺少浮游植物的实测资料,我们只对浮游植物的季节变化进行分析。图 6-19 给出了枯季和洪季的表层叶绿素 a 浓度平面分布图。水库中表层浮游植物浓度在枯季较大,在社河下游和主河道侧翼比较大,最大值约为 0.2 mg C/L。与枯季不同,浮游植物含量在洪季浓度较低,最大约 0.03 mg C/L,发生在河流上游。枯季上游的浮游植物含量较低的原因可能是水深相对较浅,导致水体混浊度较高,进而影响了植物生长,在其他一些研究区域也有相关报道[300]。关于枯季和洪季浮游植物含量的不同,一个合理的解释是枯季河流流量较小,使得水体的滞留时间比较长,进而导致浮游植物含量的累积[204]。

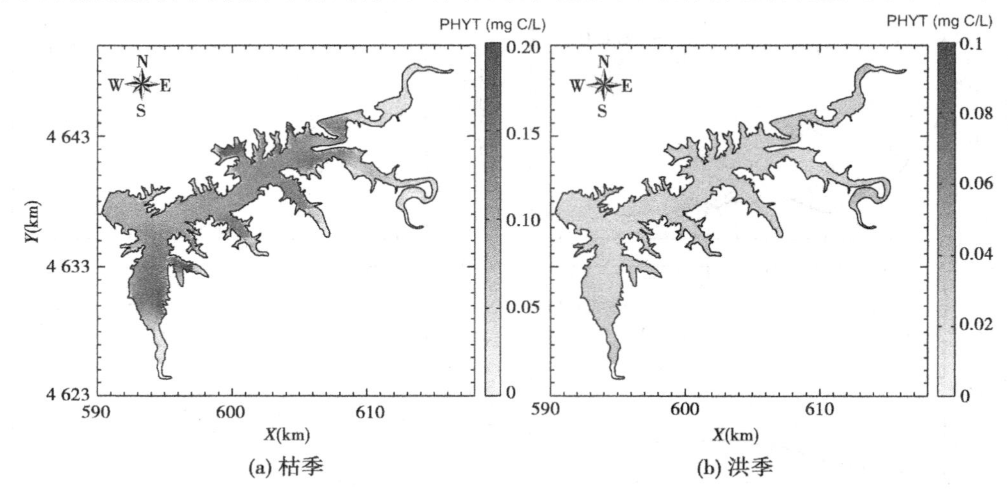

图 6-19　模拟的表层叶绿素 a 浓度平面分布　(单位:mg C/L)

总体来说,模型很好地再现了实测水质变量的浓度变化趋势。对于点源输入条件来说,只知道几条河流的排放量和 DO、CBOD、NH_4、NO_3、ON 和 TP 的排放浓度,而没有排放的 PHYT 浓度。此外,除了需要更多的外部输入条件,还需要更多的水库内部监测数据用于模型校验。

大伙房输水工程,其中一期输水工程为从辽宁东部水源丰富的地区向大伙房输水,二期工程为将水库的水调运至各需水城市,它对缓解辽宁中南部城市的生活用水和工业用水压力起着重要作用。其中,一期输水工程在 2009 年 9 月完工,它从恒仁水库向苏子河调水进而在重力作用下流入大伙房水库。

为了检验水库的水质是否受一期输水工程的影响,我们通过模型模拟了工程前后的水质状况。为了简化,除在苏子河的流量增加 70 m^3/s 以及对应加大沈阳取水口的出流量外,其他条件与前描述的正常条件一样。

河流流量的增大进而导致水体中的营养盐量增大,且更易扩散于整个水库,可以推测出增大河流流量对水库的水质会有所影响[301]。从图 6-20 的结果我们发现一期工程后测站 E 处的浮游植物含量略有增加,最大增加量约有 0.1 mg C/L。溶解氧的浓度与一期工程前相差不大,这说明在现有条件下水库的溶解氧主要受水温和大气复氧控制。从模拟的结果来看,水库输水工程对水库的生态影响不大。

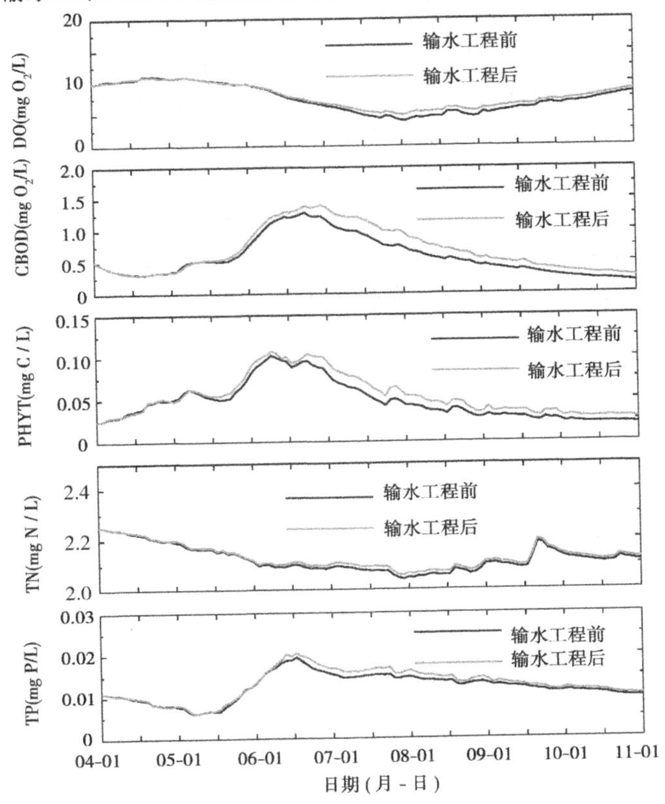

图 6-20 一期输水工程对测站 E 中层处 DO、CBOD、PHYT、TN 和 TP 浓度的影响

值得注意的是,模型得到的结果是在目前数据不是很完整的情况下得到的,为了进行数值模拟我们作了一些假定,如沿岸的非点源污染以及大气沉降均未进行考虑,同时我们假定许多的化学反应参数对整个水库为不随时间变化的常数,这些假定在一定程度上会影响水质模型的结果精确度。

6.5 小 结

建立了大伙房水库的三维水动力学模型,它是目前为止首次对该水库进行比较全面的数值模拟尝试。通过对水库温度的模拟值与实测值进行对比来验证模型的输运过程,模拟的温度与实测值吻合良好。通过收集更多、更详尽的气象及入流温度等数据可以进一步改善模拟结果。

水体滞留时间和水龄提供了两种不同的角度来说明水体的输运时间。我们对两种时间尺度进行了计算,根据校验好的模型,进行了一系列的数值试验,试验结果表明水库上游的水体在高流量、平均流量及低流量情况下的滞留时间分别为 125 d、236 d 和 521 d;水龄分布受河流流量的影响;在垂向上,表层水龄要较底层水龄大,且表底层水龄差异自上游向下游逐渐变小;水库中密度流起着重要作用,并可引起水龄的垂向差异。

建立了大伙房水库的三维水质模型，大伙房水库对辽宁省的生活用水、发电、灌溉及渔业具有重要意义，采用水质模型工具可为决策者、研究人员和管理机构更好地管理水库提供帮助。对水质模型进行了参数敏感度分析，以决定影响水库水质的主要参数。通过数值模型表明，枯、洪季浮游植物浓度的不同可能是由于枯季水深相对较浅及滞留时间较长导致。此外，我们还研究了一期输水工程对水库水质的影响，结果表明输水工程对水库水质影响不大。模型的成功应用可以让我们更深入地认识水库水体对外界环境的响应，尽管模型并没有包含自然界真实条件下的各种水动力、水质变化过程，但是通过它能够捕捉到大伙房水库的主要水体循环及水质变化过程。

总体来说，建立的水动力、水质模型提供了一个模拟水库水质变化的有效工具，可以用来评价水库的各种管理方式，为制定水库管理措施及保护水库环境提供支持和帮助，同时为建立其他水库水质模型提供参考。

7 结论与展望

7.1 结 论

大多数波流耦合模型将海洋模型与现有的第三代波浪模型(如 WAM、WAVEWATCH 和 SWAN)进行耦合,且一些耦合仅仅是单向耦合。本书在前人的研究基础上,建立一个并行的非结构波浪数值模型,并与现有的非结构三维环流数值模型进行双向耦合,采用建立的耦合模型展开了一系列研究工作,综合前面每个章节,得到的结论如下:

(1)建立了一个并行、非结构网格参数化波浪数值模型,用于与三维非结构海洋数值模型进行耦合。模型遵守波能守恒方程,考虑了浅水效应、折射、波能耗散等影响因素。采用非结构网格可以很好地拟合复杂的岸线边界。在平面空间上采用二阶迎风格式求解,在波浪方向空间上采用 MPDATA 格式求解。模型采用 METIS 库进行计算区域并行化处理。通过几个理想算例及模拟乔治亚湖和墨西哥湾的波浪场对建立的模型进行了验证,结果表明模型与解析解、实验室地形及真实地形条件下实测值吻合良好。建立的波浪模型具有较高的计算效率,方便与现有的非结构海洋模型进行无缝耦合。

(2)通过修改三维非结构有限体积数值模型 FVCOM,与建立的波浪模型进行耦合。模型耦合过程包含沿水深变化的辐射应力、斯托克斯漂流、波浪生成的压力向平均动量方程的垂向输运、波浪耗散作为紊动能量方程中的源项、水流的对流与波能折射。通过两个例子检验了建立的波流耦合模型:斜坡上回流的模拟,卡特里娜飓风在墨西哥湾引起的风暴潮模拟。通过对比实验室和实际海域的实测数据和模拟结果,发现两者吻合良好,说明建立的耦合模型具有很强的适用性。建立的模型作为 FVCOM 模型的扩展,耦合了波浪效应,FVCOM 模型具有的特性均被保留,模型对受风、波浪以及流影响的区域,可以进一步增进模拟的精度。采用非结构网格还可以使我们集中于重点研究的区域,此外,模型的计算效率较 SWAN 模型要高,且采用 MPI 技术进行并行化处理,可以在大型计算机上使用。

(3)采用三维非结构有限体积数值模型建立了渤海高分辨率数值模型。模型采用的非结构网格可以很好地拟合渤海不规则的岸线边界,综合考虑了潮、风、热通量、蒸发、降水以及河流的排放的影响。模拟的潮汐、潮流、温盐与实测结果吻合良好,成功地再现了一年内的水动力及温盐变化过程。通过拉格朗日方法研究了 1992 年的渤海冬、夏季环流。模拟结果表明夏季环流较冬季环流强,夏季表层平均余流速度约为 3.7 cm/s,冬季值约为 1.8 cm/s;在冬季,辽东湾存在一个顺时针的环流,在夏季存在一个逆时针的环流;冬季渤海湾存在一个双涡结构,北部为逆时针而南部为顺时针结构,海水从渤海湾中部流出;与渤海中部、渤海海峡处存在明显的三维结构相比,三个湾内的表底层差别较小。通过一系列的数值试验研究了多种因素对渤海环流结构的影响。模拟结果表明风对冬季和夏季环流均有重要影响,密度环流在夏季影响较大,在冬季影响可以忽略;此外,河流排放只对河口附近的环流结构有所影响;与表层热通量和风应力相比,潮流的作用在夏季很小,只考虑单分潮的作用将不能反映渤海的实际环流。虽然拉格朗日结果仅定性地描述了渤海的环流,但是通过追踪粒子的运动轨迹可对渤海的环流结构有一个总体认识,而且可以更好地认识渤海环流的主驱动力。

(4)基于粒子追踪方法建立了一个三维溢油输移、归宿模型,用以模拟溢油的对流、扩展、紊动扩散、挥发、乳化及溶解等过程。溢油被看成大量的油粒子,在潮流、波浪、风的作用下进行三维运动。在水平方向上采用随机走动方法模拟紊动扩散,垂向扩散通过 Langeven 方程进行求解。为了更精确地提供水动力条件,系统耦合了三维非结构有限体积波流耦合数值模型。应用建立的溢油模拟系统对渤海海峡发生的溢油事故进行了模拟。通过与实测潮汐、潮流资料的对比,对水流模块进行了验证。即使在风场精度不高的情况下,油膜漂移路径的模拟结果基本上再现了观测结果。随着相关资料的可靠性和精度的提高,模拟结果将得到改进。

(5)建立了大伙房水库的三维水动力学模型,通过对水库温度的模拟值与实测值进行对比来验证模型的输运过程,模拟的温度与实测值吻合良好。水体滞留时间和水龄提供了两种不同的角度来说明水体的输运时间。对两种时间尺度进行了计算,根据校验好的模型,进了一系列的数值试验,试验结果表明水库上游的水体在高流量、平均流量及低流量情况下的滞留时间分别为 125 d、236 d 和 521 d;水龄分布受河流排放量的影响;在垂向上,表层水龄要较底层水龄大,且表底层水龄差异自上游向下游逐渐变小;水库中密度流起着重要作用,并可引起水龄的垂向差异。建立了水库三维水质模型,模拟了水库的水质变化过程,对水质模型进行了参数敏感度分析,以决定影响水库水质的主要参数。数值模型结果表明,枯、洪季浮游植物浓度的不同可能是由于枯季水深相对较浅及滞留时间较长导致。此外,还研究了一期输水工程对水库水质的影响,结果表明输水工程对水库水质影响不大。

7.2 展　望

在建立的波流耦合数值模型基础上开展了一系列研究,虽然在某些方面取得了一些成果,但是仍有一些问题需要进一步深入研究:

(1)波浪运动导致水体的紊动增强[218],波浪增水与波浪之间的相互作用过程,对这些过程的认识还不够深入,它是一个很好的研究方向,可作进一步深入研究。

(2)改进溢油模型的模拟结果需要更高精度的风场资料,更好地描述在溢油地点附近的水动力循环过程,对石油进入水体、石油风化以及油膜的扩散等理论需要更好地刻画。

(3)大伙房水库的数值模型是基于 2006 年的数据建立的,且数据资料有限,研究中采用一些近似,通过收集更多更详尽的监测数据可以进一步改善模拟结果。

参考文献

[1] Oey L Y, Chen P. A nested-grid ocean model: With application to the simulation of meanders and eddies in the norwegian coastal current[J]. Journal of Geophysical Research, 1992, 97(C12): 20063-20086.

[2] Sankaranarayanan S, Ward M C. Development and application of a three-dimensional orthogonal coordinate semi-implicit hydrodynamic model[J]. Continental Shelf Research, 2006, 26(14): 1571-1594.

[3] Blumberg A F, Mellor G L. A description of a three-dimensional coastal ocean circulation model [M]// Heaps N S. Three-Dimensional Coastal Ocean Models, Coastal Estuarine Science. Washington, DC: AGU, 1987: 4, 1-16.

[4] Hamrick J M, Sciences V I O M. User's manual for the environmental fluid dynamics computer code [R]. Dept. of Physical Sciences, School of Marine Science, Virginia Institute of Marine Science, College of William and Mary, 1996.

[5] Shchepetkin A F, Mcwilliams J C. The regional oceanic modeling system (ROMS): a split-explicit, free-surface, topography-following-coordinate oceanic model [J]. Ocean Modelling, 2005, 9(4): 347-404.

[6] Song Y, Haidvogel D. A semi-implicit ocean circulation model using a generalized topography-following coordinate system [J]. Journal of Computational Physics,1994, 115(1): 228-244.

[7] Blumberg A F, Herring H J. Circulation modelling using orthogonal curvilinear coordinates [J]. Elsevier Oceanography Series,1987, 45: 55-88.

[8] Oey L Y, Mellor G L. Subtidal variability of estuarine outflow, plume, and coastal current - a model study [J]. Journal of Physical Oceanography, 1993, 23(1): 164-171.

[9] Chan C T, Cheng H F, Jothi S N. A boundary-fitted grid model for tidal motions: Orthogonal coordinates generation in 2-D embodying Singapore coastal waters [J]. Computers & Fluids, 1994, 23(7): 881-893.

[10] Muin M, Spaulding M. Three-dimensional boundary-fitted circulation model [J]. Journal of Hydraulic Engineering,1997, 123(1): 2-12.

[11] Spaulding M L. A vertically averaged circulation model using boundary-fitted coordinates [J]. Journal of Physical Oceanography, 1984, 14(5): 973-982.

[12] Sankaranarayanan S, Spaulding M L. Dispersion and stability analyses of the linearized two-dimensional shallow water equations in boundary-fitted co-ordinates [J]. International Journal for Numerical Methods in Fluids,2003, 42(7): 741-763.

[13] Lynch D R, Gray W G. Wave-equation model for finite-element tidal computations[J]. Computers & Fluids, 1979, 7(3): 207-228.

[14] Hill D F, Ciavola S J, Etherington L, et al. Estimation of freshwater runoff into Glacier Bay, Alaska and incorporation into a tidal circulation model [J]. Estuarine, Coastal and Shelf Science, 2009, 82(1): 95-107.

[15] Walters R A. Coastal ocean models: two useful finite element methods [J]. Continental Shelf Research, 2005, 25(7-8): 775-793.

[16] Baptista A M, Zhang Y L, Chawla A, et al. A cross-scale model for 3D baroclinic circulation in estuary-plume-shelf systems: Ⅱ. Application to the Columbia river [J]. Continental Shelf Research, 2005, 25 (7-8): 935-972.

[17] Zhang Y L, Baptista A M, Myers E P. A cross-scale model for 3D baroclinic circulation in estuary-plume-shelf systems: I. Formulation and skill assessment [J]. Continental Shelf Research,2004, 24

(18): 2187-2214.

[18] Chen C S, Liu H D, Beardsley R C. An unstructured grid, finite-volume, three-dimensional, primitive equations ocean model: application to coastal ocean and estuaries[J]. Journal of Atmospheric and Oceanic Technology, 2003, 20(1): 159-186.

[19] Oey L Y, Chen P. A model simulation of circulation in the northeast Atlantic shelves and seas[J]. Journal of Geophysical Research,1993, 98(C3): 4833-4833.

[20] Ezer T, Mellor G L. Diagnostic and prognostic calculations of the North-Atlantic circulation and sea-level using a sigma-coordinate ocean model[J]. Journal of Geophysical Research, 1994, 99(C7): 14159-14171.

[21] Bryan K. A numerical method for the study of the circulation of the world ocean[J]. Journal of Computational Physics,1997, 135(2): 154-169.

[22] Haidvogel D B, Wilkin J L, Young R. A semi-spectral primitive equation ocean circulation model using vertical sigma and orthogonal curvilinear horizontal coordinates[J]. Journal of Computational Physics, 1991, 94(1): 151-185.

[23] Bleck R, Smith L T. A wind-driven isopycnic coordinate model of the north and equatorial Atlantic-Ocean I. Model development and supporting experiments[J]. Journal of Geophysical Research,1990, 95(C3): 3273-3285.

[24] Spall M A, Robinson A R. Regional primitive equation studies of the gulf-stream meander and ring formation region[J]. Journal of Physical Oceanography,1990, 20(7): 985-1016.

[25] Oey L Y, Mellor G L, Hires R I. A three-dimensional simulation of the Hudson - Raritan estuary. Part I: Description of the model and model simulations[J]. Journal of Physical Oceanography, 1985, 15(12): 1676-1692.

[26] Mellor G L, Ezer T, Oey L Y. The pressure gradient conundrum of sigma coordinate ocean models[J]. Journal of Atmospheric and Oceanic Technology,1994, 11(4): 1126-1134.

[27] Mellor G L, Oey L Y, Ezer T. Sigma coordinate pressure gradient errors and the seamount problem[J]. Journal of Atmospheric and Oceanic Technology,1998, 15(5): 1122-1131.

[28] Haney R L. On the pressure gradient force over steep topography in sigma coordinate ocean models[J]. Journal of Physical Oceanography,1991, 21(4): 610-619.

[29] Mesinger F. A blocking technique for representation of mountains in atmospheric models[J]. Rivista di Meteorologia Aeronautica,1984, 44(1-4): 195-202.

[30] Huang W, Spaulding M. Modeling horizontal diffusion with sigma coordinate system[J]. Journal of Hydraulic Engineering-ASCE,1996, 122(6): 349-352.

[31] Chu P C, Fan C. Sixth-order difference scheme for sigma coordinate ocean models[J]. Journal of Physical Oceanography,1997, 27(9): 2064-2071.

[32] Huang W, Spaulding M. Reducing horizontal diffusion errors in σ-coordinate coastal ocean models with a second-order Lagrangian-interpolation finite-difference scheme[J]. Ocean Engineering, 2002, 29(5): 495-512.

[33] Shchepetkin A F, Mcwilliams J C. A method for computing horizontal pressure-gradient force in an oceanic model with a nonaligned vertical coordinate[J]. Journal of Geophysical Research,2003, 108(C3): 3090.

[34] Luo Y, Guan C, Wu D. An Eta-coordinate version of the Princeton Ocean Model[J]. Journal of Oceanography, 2002, 58(4): 589-597.

[35] Aldridge J N, Davies A M. A high-resolution three-dimensional hydrodynamic tidal model of the Eastern

Irish Sea[J]. Journal of Physical Oceanography, 1993, 23(2): 207-224.

[36] Pacanowski R C, Philander S G. Parameterization of vertical mixing in numerical models of tropical oceans[J]. Journal of Physical Oceanography,1981, 11(11): 1443-1451.

[37] Blumberg A F, Galperin B, O C D. Modeling vertical structure of open-channel flows[J]. Journal of Hydraulic Engineering-ASCE,1992, 118(8): 1119-1134.

[38] Galperin B, Kantha L H, Hassid S, et al. A Quasi-equilibrium Turbulent Energy Model for Geophysical Flows[J]. Journal of the Atmospheric Sciences,1988, 45(1): 55-62.

[39] Umlauf L, Burchard H. A generic length-scale equation for geophysical turbulence models[J]. Journal of Marine Research, 2003, 61(2): 235-265.

[40] Xing J, Davies A M. Application of turbulence energy models to the computation of tidal currents and mixing intensities in shelf edge regions[J]. Journal of Physical Oceanography,1996, 26(4): 417-447.

[41] Durski S M, Glenn S M, Haidvogel D B. Vertical mixing schemes in the coastal ocean: comparison of the level 2.5 Mellor-Yamada scheme with an enhanced version of the K profile parameterization[J]. Journal of Geophysical Research,2004, 109: C01015.

[42] Ezer T, Mellor G L. Data assimilation experiments in the gulf stream region: how useful are satellite-derived surface data for nowcasting the subsurface fields? [J]. Journal of Atmospheric and Oceanic Technology,1997, 14(6): 1379-1391.

[43] Wei J, Malanotte-Rizzoli P. Validation and application of an ensemble kalman filter in the selat pauh of Singapore[J]. Ocean Dynamics, 2009, 60(2): 395-401.

[44] Zang X, Malanotte-Rizzoli P. A comparison of assimilation results from the ensemble kalman filter and a reduced-rank extended kalman filter[J]. Nonlinear Processes in Geophysics, 2003, 10(6): 477-491.

[45] Counillon F, Bertino L. High-resolution ensemble forecasting for the gulf of Mexico eddies and fronts [J]. Ocean Dynamics,2009, 59(1): 83-95.

[46] Counillon F, Bertino L. Ensemble optimal interpolation: multivariate properties in the gulf of Mexico [J]. Tellus Series A, 2009, 61(2): 296-308.

[47] Mattern J P, Dowd M, Fennel K. Sequential data assimilation applied to a physical-biological model for the Bermuda Atlantic time series station[J]. Journal of Marine Systems, 2010, 79(1-2): 144-156.

[48] Oey L Y, Ezer T, Forristall G, et al. An exercise in forecasting loop current and eddy frontal positions in the gulf of Mexico[J]. Geophysical Research Letters,2005, 32(12): L12611.

[49] Counillon F, Sakov P, Bertino L. Application of a hybrid Enkf-Oi to ocean forecasting[J]. Ocean Science,2009, 5(4): 389-401.

[50] Mitarai S, Siegel D A, Watson J R, et al. Quantifying connectivity in the coastal ocean with application to the southern California Bight[J]. Journal of Geophysical Research,2009, 114: C10026.

[51] Moon J H, Pang I C, Yang J Y, et al. Behavior of the giant jellyfish nemopilema nomurai in the East China Sea and East/Japan Sea during the summer of 2005: a numerical model approach using a particle-tracking experiment[J]. Journal of Marine Systems,2010, 80(1-2): 101-114.

[52] Ivanov L M, Melnichenko O V, Collins C A, et al. Wind induced oscillator dynamics in the Black Sea revealed by Lagrangian drifters[J]. Geophysical Research Letters,2007, 34(13): L13609.

[53] Mccormick M J, Manley T O, Beletsky D, et al. Tracking the surface flow in Lake Champlain[J]. Journal of Great Lakes Research,2008, 34(4): 721-730.

[54] Haza A C, Poje A C, Ozgokmen T M, et al. Relative dispersion from a high-resolution coastal model of the Adriatic Sea[J]. Ocean Modelling,2008, 22(1-2): 48-65.

[55] Jakobsen P K, Ribergaard M H, Quadfasel D, et al. Near-surface circulation in the northern north Atlan-

tic as inferred from Lagrangian drifters: variability from the mesoscale to interannual[J]. Journal of Geophysical Research,2003, 108(C8): 3251.

[56] Ursella L, Poulain P M, Signell R P. Surface drifter derived circulation in the northern and Middle Adriatic Sea: response to wind regime and season[J]. Journal of Geophysical Research, 2006, 112: C03S04.

[57] Poulain P M, Zambianchi E. Surface circulation in the central Mediterranean Sea as deduced from Lagrangian drifters in the 1990s[J]. Continental Shelf Research,2007, 27(7): 981-1001.

[58] Domingues C M, Maltrud M E, Wijffels S E, et al. Simulated Lagrangian pathways between the Leeuwin current system and the upper-ocean circulation of the southeast Indian Ocean[J]. Deep-sea Research Part I-Oceanographic Research Papers,2007, 54: 797-817.

[59] Edwards K P, Hare J A, Werner F E, et al. Lagrangian circulation on the southeast US continental shelf: implications for larval dispersal and retention[J]. Continental Shelf Research,2006, 26(12-13): 1375-1394.

[60] Prakash S, Atkinson J F, Green M L. A semi-Lagrangian study of circulation and transport in Lake Ontario[J]. Journal of Great Lakes Research,2007, 33(4): 774-790.

[61] Rossby T, Prater M D, Soiland H. Pathways of inflow and dispersion of warm waters in the Nordic seas [J]. Journal of Geophysical Research,2009, 114: C04011.

[62] Gong D, Kohut J T, Glenn S M. Seasonal climatology of wind-driven circulation on the New Jersey Shelf [J]. Journal of Geophysical Research,2010, 115: C04006.

[63] 匡国瑞,张琦,戴煜芝. 渤海中部长期流的观测与余流分析[J]. 海洋湖沼通报,1991(02): 1-11.

[64] 管秉贤. 有关我国近海海流研究的若干问题[J]. 海洋与湖沼,1962, 4(3): 121-141.

[65] Fang Y, Fang G H, Zhang Q H. Numerical simulation and dynamic study of the wintertime circulation of the Bohai Sea[J]. Chinese Journal of Oceanology and Limnology,2000, 18(1): 1-9.

[66] Hainbucher D, Hao W, Pohlmann T, et al. Variability of the Bohai Sea circulation based on model calculations[J]. Journal of Marine Systems,2004, 44(3): 153-174.

[67] Huang D J, Su J L, Backhaus J O. Modelling the seasonal thermal stratification and baroclinic circulation in the Bohai Sea[J]. Continental Shelf Research,1999, 19(11): 1485-1505.

[68] Li G S, Dong C, Wang H L. Numerical simulation of transportation of SPM from the Yellow River to the Bohai Sea[J]. China Ocean Engineering,2006, 20(1): 133-146.

[69] Wu D X, Wan X Q, Bao X W, et al. Comparison of summer thermohaline field and circulation structure of the Bohai Sea between 1958 and 2000[J]. Chinese Science Bulletin,2004, 49(4): 363-369.

[70] Huang D J, Su J L, Zhang L R. Numerical study of the winter and summer circulation in the Bohai Sea [J]. Acta Aerodynamica Sinica,1998, 16(01): 115-121.

[71] Malhadas M S, Neves R J, Leitao P C, et al. Influence of tide and waves on water renewal in Óbidos lagoon, Portugal[J]. Ocean Dynamics,2010, 60(1): 41-55.

[72] Nicolle A, Garreau P, Liorzou B. Modelling for anchovy recruitment studies in the gulf of Lions (Western Mediterranean Sea)[J]. Ocean Dynamics,2009, 59(6): 953-968.

[73] Group W. The WAM model—a third generation ocean wave prediction model[J]. Journal of Physical Oceanography,1988, 18(12): 1775-1810.

[74] Tolman H L. User manual and system documentation of WAVEWATCH-III version 2. 22[R]. NOAA/NWS/NCEP/MMAB, 2002.

[75] Ris R C, Holthuijsen L H, Booij N. A spectral model for waves in the near shore zone[J]. Coastal Engineering,1995, 1: 68-78.

[76] Phillips O M. The dynamics of the upper ocean[M]. New York: Cambridge University Press, 1977.
[77] Ris R C, Holthuijsen L H. Spectral modelling of current induced wave-blocking[J]. Coastal Engineering,1996, 1: 1247-1254.
[78] Tolman H L. The influence of unsteady depths and currents of tides on wind-wave propagation in shelf seas[J]. Journal of Physical Oceanography,1990, 20(8): 1166-1174.
[79] Masson D. A case study of wave - current interaction in a strong tidal current[J]. Journal of Physical Oceanography,1996, 26(3): 359-372.
[80] Donelan M A, Dobson F W, Smith S D, et al. On the dependence of sea surface roughness on wave development[J]. Journal of Physical Oceanography,1993, 23(9): 2143-2149.
[81] Christoffersen J B, Jonsson I G. Bed friction and dissipation in a combined current and wave motion[J]. Ocean Engineering,1985, 12(5): 387-423.
[82] Grant W D, Madsen O S. Combined wave and current interaction with a rough bottom[J]. Journal of Geophysical Research,1979, 84(C4): 1797-1808.
[83] Signell R P, Beardsley R C, Graber H C, et al. Effect of wave-current interaction on wind-driven circulation in narrow, shallow embayments[J]. Journal of Geophysical Research, 1990, 95(C6): 9671-9678.
[84] Longuet-Higgins M S, Stewart R W. Radiation stress and mass transport in gravity waves, with application to 'Surf beats'[J]. Journal of Fluid Mechanics,1962, 13: 481-504.
[85] Huang N E. On surface drift currents in the ocean[J]. Journal of Fluid Mechanics,1979, 91: 191-208.
[86] Jenkins A D. Wind and wave induced currents in a rotating sea with depth-varying eddy viscosity[J]. Journal of Physical Oceanography,1987, 17(7): 938-951.
[87] Horsburgh K J, Wilson C. Tide-surge interaction and its role in the distribution of surge residuals in the North Sea[J]. Journal of Geophysical Research,2007, 112: C08003.
[88] Choi B H, Eum H M, Woo S B. A synchronously coupled tide-wave-surge model of the Yellow Sea[J]. Coastal Engineering,2003, 47(4): 381-398.
[89] Mastenbroek C, Burgers G, Janssen P A. The dynamical coupling of a wave model and a storm surge model through the atmospheric boundary layer[J]. Journal of Physical Oceanography, 1993, 23(8): 1856-1866.
[90] Warner J C, Sherwood C R, Signell R P, et al. Development of a three-dimensional, regional, coupled wave, current, and sediment-transport model[J]. Computers & Geosciences, 2008, 34(10): 1284-1306.
[91] Xie L, Liu H Q, Peng M C. The effect of wave-current interactions on the storm surge and inundation in Charleston harbor during hurricane Hugo 1989[J]. Ocean Modelling,2008, 20(3): 252-269.
[92] Zhang M Y, Li Y S. The dynamic coupling of a third-generation wave model and a 3d hydrodynamic model through boundary layers[J]. Continental Shelf Research,1997, 17(10): 1141-1170.
[93] Davies A M, Lawrence J. Examining the influence of wind and wind wave turbulence on tidal currents, using a three-dimensional hydrodynamic model including wave-current interaction[J]. Journal of Physical Oceanography,1994, 24(12): 2441-2460.
[94] Xie L, Pietrafesa L J, Wu K. A numerical study of wave-current interaction through surface and bottom stresses: coastal ocean response to hurricane Fran of 1996[J]. Journal of Geophysical Research,2003, 108(C2): 3049-3066.
[95] Xie L, Wu K J, Pietrafesa L, et al. A numerical study of wave-current interaction through surface and bottom stresses: wind-driven circulation in the South Atlantic Bight under uniform winds[J]. Journal of

Geophysical Research,2001, 106(C8): 16841-16855.

[96] Yin B S, Xu Z H, Huang Y, et al. Simulating a typhoon storm surge in the East Sea of China using a coupled model[J]. Progress in Natural Science,2009, 19(1): 65-71.

[97] Davies A M, Lawrence J. Modeling the effect of wave-current interaction on the three-dimensional wind-driven circulation of the eastern Irish Sea[J]. Journal of Physical Oceanography,1995, 25(1): 29-45.

[98] Warner J C, Perlin N, Skyllingstad E D. Using the model coupling toolkit to couple earth system models [J]. Environmental Modelling & Software,2008, 23(10): 1240-1249.

[99] Lowe R J, Falter J L, Monismith S G, et al. A numerical study of circulation in a coastal reef-lagoon system[J]. Journal of Geophysical Research,2009, 114: C06022.

[100] Wang D P, Oey L Y. Hindcast of waves and currents in hurricane Katrina[J]. Bulletin of the American Meteorological Society,2008, 89(4): 487-495.

[101] Blaas M, Dong C M, Marchesiello P, et al. Sediment-transport modeling on southern Californian shelves: a ROMS case study[J]. Continental Shelf Research,2007, 27(6): 832-853.

[102] Liang B C, Li H J, Lee D Y. Bottom shear stress under wave-current interaction[J]. Journal of Hydrodynamics,2008, 20(1): 88-95.

[103] Liang B, Li H, Lee D. Numerical study of wave effects on surface wind stress and surface mixing length by three-dimensional circulation modeling[J]. Journal of Hydrodynamics,2006, 18(4): 397-404.

[104] Zhang H, Madsen O S, Sannasiraj S A, et al. Hydrodynamic model with wave-current interaction in coastal regions[J]. Estuarine, Coastal and Shelf Science,2004, 61(2): 317-324.

[105] Xia H Y, Xia Z W, Zhu L S. Vertical variation in radiation stress and wave-induced current[J]. Coastal Engineering,2004, 51(4): 309-321.

[106] Liu Y Z, Shi J Z, Perrie W. A theoretical formulation for modeling 3d wave and current interactions in estuaries[J]. Advances in Water Resources,2007, 30(8): 1737-1745.

[107] Kim S Y, Yasuda T, Mase H. Numerical analysis of effects of tidal variations on storm surges and waves [J]. Applied Ocean Research,2008, 30(4): 311-322.

[108] Mellor G L, Donelan M A, Oey L Y. A surface wave model for coupling with numerical ocean circulation models[J]. Journal of Atmospheric and Oceanic Technology,2008, 25(10): 1785-1807.

[109] Brown J M, Wolf J. Coupled wave and surge modelling for the Eastern Irish Sea and implications for model wind-stress[J]. Continental Shelf Research,2009, 29(10): 1329-1342.

[110] Tolman H L. A third-generation model for wind waves on slowly varying, unsteady, and inhomogeneous depths and currents[J]. Journal of Physical Oceanography,1991, 21(6): 782-797.

[111] Booij N, Ris R C, Holthuijsen L H. A third-generation wave model for coastal regions - 1. Model description and validation[J]. Journal of Geophysical Research,1999, 104(C4): 7649-7666.

[112] Tolman H L. A mosaic approach to wind wave modeling[J]. Ocean Modelling,2008, 25(1): 35-47.

[113] Hsu T W, Ou S H, Liau J M. Hindcasting nearshore wind waves using a FEM code for SWAN[J]. Coastal Engineering,2005, 52(2): 177-195.

[114] Qi J, Chen C, Beardsley R C, et al. An unstructured-grid finite-volume surface wave model (FVCOM-SWAVE): implementation, validations and applications[J]. Ocean Modelling,2009, 28(1-3): 153-166.

[115] Mellor G L. The depth-dependent current and wave interaction equations: a revision[J]. Journal of Physical Oceanography,2008, 38(11): 2587-2596.

[116] Elliott A J. Shear diffusion and the spread of oil in the surface layers of the North Sea[J]. Ocean Dynamics,1986, 39(3): 113-137.

[117] Nazir M, Khan F, Amyotte P, et al. Multimedia fate of oil spills in a marine environment - an integrated modelling approach[J]. Process Safety and Environmental Protection, 2008, 86(2): 141-148.

[118] Chen H Z, Li D M, Li X. Mathematical modeling of oil spill on the sea and application of the modeling in Daya Bay[J]. Journal of Hydrodynamics, 2007, 19(3): 282-291.

[119] Xie H, Yapa P D, Nakata K. Modeling emulsification after an oil spill in the sea[J]. Journal of Marine Systems, 2007, 68(3-4): 489-506.

[120] Sebastiao P, Soares C G. Uncertainty in predictions of oil spill trajectories in a coastal zone[J]. Journal of Marine Systems, 2006, 63(3-4): 257-269.

[121] Sebastiao P, Guedes Soares C. Uncertainty in predictions of oil spill trajectories in open sea[J]. Ocean Engineering, 2007, 34(3-4): 576-584.

[122] Vethamony P, Sudheesh K, Babu M T, et al. Trajectory of an oil spill off Goa, Eastern Arabian Sea: field observations and simulations[J]. Environmental Pollution, 2007, 148(2): 438-444.

[123] Boufadel M C, Bechtel R D, Weaver J. The movement of oil under non-breaking waves[J]. Marine Pollution Bulletin, 2006, 52(9): 1056-1065.

[124] Periáñez R. A particle-tracking model for simulating pollutant dispersion in the strait of Gibraltar[J]. Marine Pollution Bulletin, 2004, 49(7): 613-623.

[125] Tkalich P, Huda M K, Gin K. A multiphase oil spill model[J]. Journal of Hydraulic Research, 2003, 41(2): 115-125.

[126] Chao X B, Shankar N J, Cheong H F. Two- and three-dimensional oil spill model for coastal waters [J]. Ocean Engineering, 2001, 28(12): 1557-1573.

[127] Chao X B, Shankar N J, Wang S. Development and application of oil spill model for Singapore coastal waters[J]. Journal of Hydraulic Engineering, 2003, 129(7): 495-503.

[128] Giarrusso C C, Pugliese Carratelli E, Spulsi G. On the effects of wave drift on the dispersion of floating pollutants[J]. Ocean Engineering, 2001, 28(10): 1339-1348.

[129] Varlamov S M, Yoon J, Hirose N, et al. Simulation of the oil spill processes in the sea of Japan with regional ocean circulation model[J]. Journal of Marine Science and Technology, 1999, 4(3): 94-107.

[130] Lonin S A. Lagrangian model for oil spill diffusion at sea[J]. Spill Science and Technology Bulletin, 1999, 5(5): 331-336.

[131] Nakata K, Sugioka S, Hosaka T. Hindcast of a Japan Sea oil spill[J]. Spill Science and Technology Bulletin, 1997, 4(4): 219-229.

[132] Proctor R, Flather R A, Elliott A J. Modelling tides and surface drift in the Arabian Gulf-application to the gulf oil spill[J]. Continental Shelf Research, 1994, 14(5): 531-545.

[133] Spaulding M L, Jayko K B, Anderson E L. Hindcast of the Argo merchant spill using the URI oil spill fates model[J]. Ocean Engineering, 1982, 9(5): 455-482.

[134] Al-Rabeh A H, Cekirge H M, Gunay N. A stochastic simulation model of oil spill fate and transport [J]. Applied Mathematical Modelling, 1989, 13(6): 322-329.

[135] Hung T S, Yapa P D, Petroski M E. A simulation model for oil slick transport in lakes[J]. Water Resources Research, 1987, 23(10): 1949-1957.

[136] Periáñez R. Chemical and oil spill rapid response modelling in the strait of Gibraltar-Alboran Sea[J]. Ecological Modelling, 2007, 207(2-4): 210-222.

[137] Ors H. A stochastic approach to the modeling of the oil pollution[J]. Energy Sources, 2005, 27(4): 387-392.

[138] Ors H Y S. A stochastic approach to modeling of oil pollution[J]. Energy Sources, 2004, 26(9): 879-

884.

[139] Ors H. A stochastic approach to the modeling of the oil pollution: part III[J]. Energy Sources, 2005, 27(4): 393-397.

[140] Di Martino B, Peybernes M. Simulation of an oil slick movement using a shallow water model[J]. Mathematics and Computers in Simulation, 2007, 76(1-3): 155-160.

[141] Caballero A, Espino M, Sagarminaga Y, et al. Simulating the migration of drifters deployed in the bay of Biscay, during the Prestige crisis[J]. Marine Pollution Bulletin, 2008, 56(3): 475-482.

[142] Gonzalez M, Ferrer L, Uriarte A, et al. Operational oceanography system applied to the Prestige oil-spillage event[J]. Journal of Marine Systems, 2008, 72(1-4): 178-188.

[143] Li Y, Brimicombe A J, Ralphs M P. Spatial data quality and sensitivity analysis in GIS and environmental modelling: the case of coastal oil spills[J]. Computers, Environment and Urban Systems, 2000, 24(2): 95-108.

[144] Reed M, Johansen O, Brandvik P J, et al. Oil spill modeling towards the close of the 20th century: overview of the state of the art[J]. Spill Science & Technology Bulletin, 1999, 5(1): 3-16.

[145] Periánez R, Pascual-Granged A. Modelling surface radioactive, chemical and oil spills in the strait of Gibraltar[J]. Computers and Geosciences, 2008, 34(2): 163-180.

[146] Shen H T, Yapa P D, Petroski M E. Simulation of oil slick transport in great lakes connecting channels [R]. Department of Civil and Environmental Engineering, Clarkson University, Potsdam, NY, 1986.

[147] Wang S D, Shen Y M, Zheng Y H. Two-dimensional numerical simulation for transport and fate of oil spills in seas[J]. Ocean Engineering, 2005, 32(13): 1556-1571.

[148] Wang S D, Shen Y M, Guo Y K, et al. Three-dimensional numerical simulation for transport of oil spills in seas[J]. Ocean Engineering, 2008, 35(5-6): 503-510.

[149] Chen C S, Huang H S, Beardsley R C, et al. A finite volume numerical approach for coastal ocean circulation studies: Comparisons with finite difference models[J]. Journal of Geophysical Research, 2007, 112: C03018.

[150] Ikeda S, Adachi N. A dynamic water quality model of Lake Biwa-a simulation study of the Lake eutrophication[J]. Ecological Modelling, 1978, 4(2-3): 151-172.

[151] Gunduz O, Soyupak S, Yurteri C. Development of water quality management strategies for the proposed Isikli reservoir[J]. Water Science and Technology, 1998, 37(2): 369-376.

[152] Wang P F, Martin J, Morrison G. Water quality and eutrophication in Tampa Bay, Florida[J]. Estuarine, Coastal and Shelf Science, 1999, 49(1): 1-20.

[153] Straskraba M. Ecotechnological models for reservoir water quality management[J]. Ecological Modelling, 1994, 74(1-2): 1-38.

[154] Jayaweera M, Asaeda T. Impacts of environmental scenarios on chlorophyll-a in the management of shallow, eutrophic lakes following biomanipulation: an application of a numerical model[J]. Ecological Engineering, 1995, 5(4): 445-468.

[155] Drolc A, Koncan J Z. Water quality modelling of the river Sava, Slovenia[J]. Water Research, 1996, 30(11): 2587-2592.

[156] Hamilton D P, Schladow S G. Prediction of water quality in lakes and reservoirs. Part I - model description[J]. Ecological Modelling, 1997, 96(1-3): 91-110.

[157] Schladow S G, Hamilton D P. Prediction of water quality in lakes and reservoirs: part II - model calibration, sensitivity analysis and application[J]. Ecological Modelling, 1997, 96(1-3): 111-123.

[158] Gal G, Imberger J, Zohary T, et al. Simulating the thermal dynamics of Lake Kinneret[J]. Ecological

Modelling,2003, 162(1-2): 69-86.

[159] Rajar R, Cetina M. Hydrodynamic and water quality modelling: an experience[J]. Ecological Modelling,1997, 101(2-3): 195-207.

[160] Priyantha D G N, Asaeda T, Saitoh S, et al. Modelling effects of curtain method on algal blooming in reservoirs[J]. Ecological Modelling,1997, 98(2-3): 89-104.

[161] Tufford D L, Mckellar H N. Spatial and temporal hydrodynamic and water quality modeling analysis of a large reservoir on the south Carolina (USA) coastal plain[J]. Ecological Modelling,1999, 114(2-3): 137-173.

[162] Kellershohn D A, Tsanis I K. 3D eutrophication modeling of Hamilton harbour: analysis of remedial options[J]. Journal of Great Lakes Research,1999, 25(1): 3-25.

[163] Hernandez P, Ambrose R B, Prats D, et al. Modeling eutrophication kinetics in reservoir microcosms [J]. Water Research,1997, 31(10): 2511-2519.

[164] Wool T A, Davie S R, Rodriguez H N. Development of three-dimensional hydrodynamic and water quality models to support total maximum daily load decision process for the Neuse river estuary, North Carolina[J]. Journal of Water Resources Planning and Management-ASCE,2003, 129(4): 295-306.

[165] Jia H, Cheng S. Spatial and dynamic simulation for Miyun reservoir waters in Beijing[J]. Water Science and Technology,2002, 46(11-12): 473-479.

[166] Hu W P, Salomonsen J, Xu F L, et al. A model for the effects of water hyacinths on water quality in an experiment of physico-biological engineering in Lake Taihu, China[J]. Ecological Modelling, 1998, 107(2-3): 171-188.

[167] Omlin M, Reichert P, Forster R. Biogeochemical model of Lake Zurich: model equations and results [J]. Ecological Modelling,2001, 141(1-3): 77-103.

[168] Karim M R, Sekine M, Ukita M. Simulation of eutrophication and associated occurrence of hypoxic and anoxic condition in a coastal bay in Japan[J]. Marine Pollution Bulletin,2002, 45(1-12): 280-285.

[169] Kuo J T, Liu W C, Lin R T, et al. Water quality modeling for the Feitsui reservoir in northern Taiwan [J]. Journal of the American Water Resources Association,2003, 39(3): 671-687.

[170] Imteaz M A, Asaeda T, Lockington D A. Modelling the effects of inflow parameters on lake water quality[J]. Environmental Modeling and Assessment,2003, 8(2): 63-70.

[171] Rauch W, Henze M, Koncsos L, et al. River water quality modelling: I. State of the art[J]. Water Science and Technology,1998, 38(11): 237-244.

[172] Shanahan P, Henze M, Koncsos L, et al. River water quality modelling: II. Problems of the art[J]. Water Science and Technology,1998, 38(11): 245-252.

[173] Somlyody L, Henze M, Koncsos L, et al. River water quality modelling: III. Future of the art[J]. Water Science and Technology,1998, 38(11): 253-260.

[174] Deleersnijder E, Delhez E. Timescale- and tracer-based methods for understanding the results of complex marine models[J]. Estuarine, Coastal and Shelf Science,2007, 74(4): V-VII.

[175] Delhez E J M, Campin J, Hirst A C, et al. Toward a general theory of the age in ocean modelling[J]. Ocean Modelling,1999, 1(1): 17-27.

[176] Huang W R, Liu X H, Chen X J, et al. Estimating river flow effects on water ages by hydrodynamic modeling in Little Manatee River estuary, Florida, USA[J]. Environmental Fluid Mechanics,2010, 10 (1-2): 197-211.

[177] Huang W R, Spaulding M. Modelling residence-time response to freshwater input in Apalachicola Bay, Florida, USA[J]. Hydrological Processes,2002, 16(15): 3051-3064.

[178] Shen J, Haas L. Calculating age and residence time in the tidal York River using three-dimensional model experiments[J]. Estuarine, Coastal and Shelf Science,2004, 61(3): 449-461.

[179] Shen J, Wang H V. Determining the age of water and long-term transport timescale of the Chesapeake Bay[J]. Estuarine, Coastal and Shelf Science,2007, 74(4): 585-598.

[180] Ribbe J, Wolff J O, Staneva J, et al. Assessing water renewal time scales for marine environments from three-dimensional modelling: A case study for Hervey Bay, Australia[J]. Environmental Modelling & Software,2008, 23(10-11): 1217-1228.

[181] Orfila A, Jordi A, Basterretxea G, et al. Residence time and posidonia oceanica in Cabrera Archipelago national park, Spain[J]. Continental Shelf Research,2005, 25(11): 1339-1352.

[182] Rueda F, Moreno-Ostos E, Armengol J. The residence time of river water in reservoirs[J]. Ecological Modelling,2006, 191(2): 260-274.

[183] Wang C F, Hsu M H, Kuo A Y. Residence time of the Danshuei river estuary, Taiwan[J]. Estuarine, Coastal and Shelf Science,2004, 60(3): 381-393.

[184] Ulses C, Grenz C, Marsaleix P, et al. Circulation in a semi-enclosed bay under influence of strong freshwater input[J]. Journal of Marine Systems,2005, 56(1-2): 113-132.

[185] Jouon A, Douillet P, Ouillon S, et al. Calculations of hydrodynamic time parameters in a semi-opened coastal zone using a 3D hydrodynamic model[J]. Continental Shelf Research, 2006, 26(12-13): 1395-1415.

[186] Arega F, Armstrong S, Badr A W. Modeling of residence time in the east Scott Creek estuary, south Carolina, USA[J]. Journal of Hydro-Environment Research,2008, 2(2): 99-108.

[187] Ribbe J, Wolff J O, Staneva J, et al. Assessing water renewal time scales for marine environments from three-dimensional modelling: a case study for Hervey Bay, Australia[J]. Environmental Modelling & Software,2008, 23(10-11): 1217-1228.

[188] Meyers S D, Luther M E. A numerical simulation of residual circulation in Tampa Bay. Part II: Lagrangian residence time[J]. Estuaries and Coasts,2008, 31(5): 815-827.

[189] Cucco A, Umgiesser G, Ferrarin C, et al. Eulerian and Lagrangian transport time scales of a tidal active coastal basin[J]. Ecological Modelling,2009, 220(7): 913-922.

[190] Arega F, Badr A W. Numerical age and residence-time mapping for a small tidal creek: case study[J]. Journal of Waterway Port Coastal and Ocean Engineering-ASCE,2010, 136(4): 226-237.

[191] Huang W R, Liu X H, Chen X J, et al. Estimating river flow effects on water ages by hydrodynamic modeling in Little Manatee River estuary, Florida, USA[J]. Environmental Fluid Mechanics,2010, 10(1-2): 197-211.

[192] Shen J, Lin J. Modeling study of the influences of tide and stratification on age of water in the tidal James river[J]. Estuarine, Coastal and Shelf Science,2006, 68(1-2): 101-112.

[193] Shen J, Wang H V. Determining the age of water and long-term transport timescale of the Chesapeake Bay[J]. Estuarine, Coastal and Shelf Science,2007, 74(4): 585-598.

[194] Shen J, Haas L. Calculating age and residence time in the tidal York River using three-dimensional model experiments[J]. Estuarine, Coastal and Shelf Science,2004, 61(3): 449-461.

[195] Gong W P, Shen J, Hong B. The influence of wind on the water age in the tidal Rappahannock river [J]. Marine Environmental Research,2009, 68(4): 203-216.

[196] Wang Y, Shen J A, He Q. A numerical model study of the transport timescale and change of estuarine circulation due to waterway constructions in the Changjiang estuary, China[J]. Journal of Marine Systems,2010, 82(3): 154-170.

[197] Doos K, Engqvist A. Assessment of water exchange between a discharge region and the open sea - a comparison of different methodological concepts[J]. Estuarine, Coastal and Shelf Science, 2007, 74(4): 709-721.

[198] Warner J C, Geyer W R, Arango H G. Using a composite grid approach in a complex coastal domain to estimate estuarine residence time[J]. Computers & Geosciences, 2010, 36(7): 921-935.

[199] Gourgue O, Deleersnijder E, White L. Toward a generic method for studying water renewal, with application to the epilimnion of Lake Tanganyika[J]. Estuarine, Coastal and Shelf Science, 2007, 74(4): 628-640.

[200] Liu W C, Chen W B, Kuo J T. Modeling residence time response to freshwater discharge in a mesotidal estuary, Taiwan[J]. Journal of Marine Systems, 2008, 74(1-2): 295-314.

[201] Bricelj V M, Lonsdale D J. Aureococcus anophagefferens: Causes and ecological consequences of brown tides in US mid-Atlantic coastal waters[J]. Limnology and Oceanography, 1997, 42(5): 1023-1038.

[202] Chen C S, Qi J H, Li C Y, et al. Complexity of the flooding/drying process in an estuarine tidal-creek salt-marsh system: An application of FVCOM[J]. Journal of Geophysical Research, 2008, 113: C07052.

[203] Guo Y K, Zhang J S, Zhang L X, et al. Computational investigation of typhoon-induced storm surge in Hangzhou Bay, China[J]. Estuarine, Coastal and Shelf Science, 2009, 85(4): 530-536.

[204] Shen Y M, Wang J H, Zheng B H, et al. Modeling study of residence time and water age in Dahuofang Reservoir in China[J]. Science in China Series G-Physics Mechanics & Astronomy, 2011, 54(1): 127-142.

[205] Shore J A. Modelling the circulation and exchange of Kingston Basin and Lake Ontario with FVCOM[J]. Ocean Modelling, 2009, 30(2-3): 106-114.

[206] Wang J H, Shen Y M. Modeling oil spills transportation in seas based on unstructured grid, finite-volume, wave-ocean model[J]. Ocean Modelling, 2010, 35(4): 332-344.

[207] Wang J H, Shen Y M, Guo Y K. Seasonal circulation and influence factors of the Bohai Sea: a numerical study based on Lagrangian particle tracking method[J]. Ocean Dynamics, 2010, 60: 1581-1596.

[208] Yang Z Q, Sobocinski K L, Heatwole D, et al. Hydrodynamic and ecological assessment of nearshore restoration: A modeling study[J]. Ecological Modelling, 2010, 221(7): 1043-1053.

[209] Wang J H, Shen Y M. Development of an integrated model system to simulate transport and fate of oil spills in seas[J]. Science in China Series E-Technological Sciences, 2010, 53(9): 2423-2434.

[210] Mellor G L. The three-dimensional current and surface wave equations[J]. Journal of Physical Oceanography, 2003, 33(9): 1978-1989.

[211] Mellor G L. Some consequences of the three-dimensional current and surface wave equations[J]. Journal of Physical Oceanography, 2005, 35(11): 2291-2298.

[212] Mei C C. The applied dynamics of ocean surface waves[M]. New York: Wiley, 1983.

[213] Donelan M A, Hamilton J, Hui W H. Directional spectra of wind-generated waves[J]. Philosophical Transactions of the Royal Society of London. Series A, 1985, 315(1534): 509-562.

[214] Hwang P A, Wang D W. Field measurements of duration-limited growth of wind-generated ocean surface waves at young stage of development[J]. Journal of Physical Oceanography, 2004, 34(10): 2316-2326.

[215] Donelan M A, Skafel M, Graber H, et al. On the growth rate of wind-generated waves[J]. Atmosphere-Ocean, 1992, 30: 457-478.

[216] Donelan M A. Wind-Induced growth and attenuation of laboratory waves[M]//Sajjadi S G, Thomas N

H, Hunt J C R. Wind-Over-Wave Couplings. Salford, UK: Oxford University Press, 1999, 183-194.

[217] Terray E A, Donelan M A, Agrawal Y C, et al. Estimates of kinetic energy dissipation under breaking waves[J]. Journal of Physical Oceanography,1996, 26(5): 792-807.

[218] Craig P D, Banner M L. Modeling wave-enhanced turbulence in the ocean surface layer[J]. Journal of Physical Oceanography,1994, 24(12): 2546-2559.

[219] Stacey M W. Simulation of the wind-forced near-surface circulation in Knight inlet: a parameterization of the roughness length[J]. Journal of Physical Oceanography,1999, 29(6): 1363-1367.

[220] Battjes J A, Janssen J. Energy loss and set-up due to breaking of random waves[C]. Proceedings of the 16th International Conference of Coastal, Hamburg, Germany: New York, NY: ASCE, 1978, 569-587.

[221] Szymkiewicz R. Oscillation-free solution of shallow water equations for nonstaggered grid[J]. Journal of Hydraulic Engineering-ASCE,1993, 119(10): 1118-1137.

[222] Kobayashi M H, Pereira J M, Pereira J C. A conservative finite-volume second-order-accurate projection method on hybrid unstructured grids[J]. Journal of Computational Physics,1999, 150(1): 40-75.

[223] Wu L, Bogy D B. Use of an upwind finite volume method to solve the air bearing problem of hard disk drives[J]. Computational Mechanics,2000, 26(6): 592-600.

[224] Smolarkiewicz P K. A fully multidimensional positive definite advection transport algorithm with small implicit diffusion[J]. Journal of Computational Physics,1984, 54(2): 325-362.

[225] Karypis G, Kumar V. Metis-a software package for partitioning unstructured graphs, partitioning meshes, and computing fill-reducing orderings of sparse matrices—version 4.0[R]. University of Minnesota, 1998.

[226] Kitaigorodskii S A. Applications of the theory of similarity to the analysis of wind-generated wave motion as a stochastic process[J]. Bull Acad Sci USSR Geophys Ser,1962, 1: 105-117.

[227] Komen G J, Cavaleri L, Donelan M, et al. Dynamics and modelling of ocean waves[M]. New York: Cambridge University Press, 1996.

[228] Kahma K K, Calkoen C J. Reconciling discrepancies in the observed growth of wind-generated waves [J]. Journal of Physical Oceanography,1992, 22(12): 1389-1405.

[229] Pierson W J, Moskowitz L. Proposed spectral form for fully developed wind seas based on similarity theory of S. A. Kitaigorodskii[J]. Journal of Geophysical Research,1964, 69(24): 5181-5190.

[230] Young I R, Verhagen L A. The growth of fetch limited waves in water of finite depth . 1. Total energy and peak frequency[J]. Coastal Engineering,1996, 29(1-2): 47-78.

[231] Young I R, Verhagen L A. The growth of fetch limited waves in water of finite depth . 2. Spectral evolution[J]. Coastal Engineering,1996, 29(1-2): 79-99.

[232] Smith W, Sandwell D T. Global sea floor topography from satellite altimetry and ship depth soundings [J]. Science,1997, 277(5334): 1956-1962.

[233] Powell M D, Houston S H, Amat L R, et al. The HRD real-time hurricane wind analysis system[J]. Journal of Wind Engineering and Industrial Aerodynamics,1998, 77-78: 53-64.

[234] Chin T M, Milliff R F, Large W G. Basin-scale, high-wavenumber sea surface wind fields from a multiresolution analysis of scatterometer data[J]. Journal of Atmospheric and Oceanic Technology,1998, 15 (3): 741-763.

[235] Mellor G L, Yamada T. Development of a turbulence closure model for geophysical fluid problems[J]. Reviews of Geophysics and Space Physics,1982, 20(4): 851-875.

[236] Chen C S, Qi J H, Li C Y, et al. Complexity of the flooding/drying process in an estuarine tidal-Creek

salt-marsh system: an application of FVCOM [J]. Journal of Geophysical Research, 2008, 113: C07052.

[237] Chen C S, Xue P F, Ding P X, et al. Physical mechanisms for the offshore detachment of the Changjiang diluted water in the East China Sea [J]. Journal of Geophysical Research, 2008, 113: C02002.

[238] Chen C S, Gao G P, Qi J H, et al. A new high-resolution unstructured grid finite volume Arctic ocean model (AO-FVCOM): an application for tidal studies [J]. Journal of Geophysical Research, 2009, 114: C08017.

[239] Huang H, Chen C, Blanton J O, et al. A numerical study of tidal asymmetry in Okatee Creek, South Carolina[J]. Estuarine, Coastal and Shelf Science, 2008, 78(1): 190-202.

[240] Ji R, Chen C, Franks P J, et al. The impact of scotian shelf water "cross-over" on the plankton dynamics on Georges bank: a 3-D experiment for the 1999 spring bloom[J]. Deep-Sea Research Part II, 2006, 53(23-24): 2684-2707.

[241] Ji R, Davis C, Chen C, et al. Influence of local and external processes on the annual nitrogen cycle and primary productivity on Georges bank: a 3-d biological-physical modeling study[J]. Journal of Marine Systems, 2008, 73(1-2): 31-47.

[242] Shore J A. Modelling the circulation and exchange of Kingston basin and Lake Ontario with FVCOM [J]. Ocean Modelling, 2009, 30(2-3): 106-114.

[243] Xue P, Chen C, Ding P, et al. Saltwater intrusion into the Changjiang river: a model-guided mechanism study[J]. Journal of Geophysical Research, 2009, 114: C02006.

[244] Zhao L Z, Chen C S, Cowles G. Tidal flushing and eddy shedding in mount hope bay and narragansett Bay: an application of FVCOM[J]. Journal of Geophysical Research, 2006, 111: C10015.

[245] Chen C S, Beardsley R C, Cowles G. An unstructured grid, finite-volume coastal ocean model: FVCOM user manual[R]. University of Massachusetts, School of marine Science and Technology, New Bedford, 2006.

[246] Oey L Y, Ezer T, Wang D P, et al. Loop current warming by hurricane Wilma[J]. Geophysical Research Letters, 2006, 33: L08613.

[247] Feddersen F, Guza R T, Elgar S, et al. Alongshore momentum balances in the nearshore[J]. Journal of Geophysical Research, 1998, 103(C8): 15667-15676.

[248] Rosales P, Ocampo-Torres F J, Osuna P, et al. Wave-current interaction in coastal waters: effects on the bottom-shear stress[J]. Journal of Marine Systems, 2008, 71(1-2): 131-148.

[249] Ting F C K, Kirby J T. Observation of undertow and turbulence in a laboratory surf zone[J]. Coastal Engineering, 1994, 24(1-2): 51-80.

[250] Rakha K A. A quasi-3d phase-resolving hydrodynamic and sediment transport model[J]. Coastal Engineering, 1998, 34(3-4): 277-311.

[251] Wu X Z, Zhang Q H. A three-dimensional nearshore hydrodynamic model with depth-dependent radiation stresses[J]. China Ocean Engineering, 2009, 23(2): 291-302.

[252] Newberger P A, Allen J S. Forcing a three-dimensional, hydrostatic, primitive-equation model for application in the surf zone: 2. Application to DUCK94[J]. Journal of Geophysical Research, 2007, 112: C08019.

[253] Levitus S, Boyer T P. World ocean atlas 1994, volume 4: Temperature[M]. Washington, DC: NOAA Atlas NESDIS 4, U. S. Department of Commerce, 1994.

[254] Levitus S, Burgett R, Boyer T P. World ocean atlas 1994, volume 3: Salinity[M]. Washington, D C:

NOAA Atlas NESDIS 3, U. S. Department of Commerce, 1994.
[255] Onogi K, Tslttsui J, Koide H, et al. The JRA-25 reanalysis[J]. Journal of the Meteorological Society of Japan,2007, 85(3): 369-432.
[256] Egbert G D, Erofeeva S Y. Efficient inverse modeling of barotropic ocean tides[J]. Journal of Atmospheric and Oceanic Technology,2002, 19(2): 183-204.
[257] Oey L Y, Lee H C. Deep eddy energy and topographic rossby waves in the gulf of Mexico[J]. Journal of Physical Oceanography,2002, 32(12): 3499-3527.
[258] Sheng Y P, Alymov V, Paramygin V A. Simulation of storm surge, wave, currents, and inundation in the outer banks and Chesapeake Bay during hurricane Isabel in 2003: the importance of waves[J]. Journal of Geophysical Research,2010, 115: C04008.
[259] Kim S Y, Yasuda T, Mase H. Wave set-up in the storm surge along open coasts during typhoon Anita [J]. Coastal Engineering,2010, 57(7): 631-642.
[260] Galperin B, Kantha L H, Hassid S, et al. A quasi-equilibrium turbulent energy model for geophysical flows[J]. Journal of the Atmospheric Sciences,1988, 45(1): 55-62.
[261] Smagorinsky J. General circulation experiments with the primitive equations. I. The basic experiment [J]. Monthly Weather Review,1963, 91(3): 99-164.
[262] 戴仕宝,杨世伦,郜昂,等. 近50年来中国主要河流入海泥沙变化[J]. 泥沙研究,2007(2): 49-58.
[263] Ahsan A K, Blumberg A F. Three-dimensional hydrothermal model of Onondaga Lake, New York[J]. Journal of Hydraulic Engineering-ASCE,1999, 125(9): 912-923.
[264] Qiao L L, Bao X W, Wu D X. The observed currents in summer in the Bohai Sea[J]. Chinese Journal of Oceanology and Limnology,2008, 26(2): 130-136.
[265] 海洋图集编委会. 渤海, 黄海, 东海海洋图集(水文)[M]. 北京: 海洋出版社, 1992.
[266] Li G S, Wang H L, Li B L. A model study on seasonal spatial-temporal variability of the Lagrangian residual circulations in the Bohai Sea[J]. Journal of Geographical Sciences,2005, 15(03): 273-285.
[267] Li G S, Wang H L, Dong C. Numerical simulations on transportation and deposition of spm introduced from the Yellow river to the Bohai Sea[J]. Acta Geographica Sinica,2005, 60(5): 707-716.
[268] Zhang B, Zhang C Z, Ozer J. Surf - a simulation model for the behavior of oil slicks at sea[C]. In Proceedings of the OPERA Workshop, Dalian, China: 1991.
[269] Fischer H B, List E J, Koh R, et al. Mixing in inland and coastal waters[M]. New York, NY: Academic Press, 1979.
[270] Tkalich P, Chan E S. Vertical mixing of oil droplets by breaking waves[J]. Marine Pollution Bulletin, 2002, 44(11): 1219-1229.
[271] Delvigne G, Sweeney C E. Natural dispersion of oil[J]. Oil and Chemical Pollution,1988, 4(4): 281-310.
[272] Herzfeld M. The role of numerical implementation on open boundary behaviour in limited area ocean models[J]. Ocean Modelling,2009, 27(1-2): 18-32.
[273] Lamb H. Hydrodynamics[M]. New York: Dover publications, 1945.
[274] Birchfield G E. Response of a circular model great lake to a suddenly imposed wind stress[J]. Journal of Geophysical Research,1969, 74(23): 5547-5554.
[275] Csanady G T. Motions in a model great lake due to a suddenly imposed wind[J]. Journal of Geophysical Research,1968, 73(20): 6435-6447.
[276] Thorpe S A. On the clouds of bubbles formed by breaking wind-waves in deep water, and their role in

air - sea gas transfer[J]. Philosophical Transactions of the Royal Society of London. Series A, Mathematical and Physical Sciences,1982, 304(1483): 155-210.

[277] Romero J R, Antenucci J P, Imberger J. One- and three-dimensional biogeochemical simulations of two differing reservoirs[J]. Ecological Modelling,2004, 174(1-2): 143-160.

[278] Ambrose Jr R B, Wool T A, Martin J L. The water quality analysis simulation program, WASP5. Part a: model documentation[R]. US Environmental Protection Agency, Office of Research and Development, 1993.

[279] Monod J. The growth of bacterial cultures[J]. Annual Review of Microbiology,1949, 3(1): 371-394.

[280] Di Toro D M, O'Connor D J, Thomann R V. A dynamic model of the phytoplankton population in the Sacramento-San Joaquin Delta[J]. Advances in Chemistry Series,1971, 106: 131-180.

[281] Kim T, Labiosa R G, Khangaonkar T, et al. Development and evaluation of a coupled hydrodynamic (FVCOM) and water quality model (CE-QUAL-ICM)[C]. In Estuarine and Coastal Modeling Conference, Seattle, Washington: ASCE, 2009.

[282] Castellano L, Ambrosetti W, Barbanti L, et al. The residence time of the water in Lago Maggiore (N. Italy): first results from an Eulerian-Lagrangian approach[J]. Journal of Limnology,2010, 69(1): 15-28.

[283] Bolin B, Rodhe H. A note on the concepts of age distribution and transit time in natural reservoirs[J]. Tellus,1973, 25(1): 58-62.

[284] Monsen N E, Cloern J E, Lucas L V, et al. A comment on the use of flushing time, residence time, and age as transport time scales[J]. Limnology and Oceanography,2002, 47(5): 1545-1553.

[285] Arega F, Armstrong S, Badr A W. Modeling of residence time in the East Scott Creek Estuary, South Carolina, USA[J]. Journal of Hydro-Environment Research,2008, 2(2): 99-108.

[286] Delhez E J M, Campin J, Hirst A C, et al. Toward a general theory of the age in ocean modelling[J]. Ocean Modelling,1999, 1(1): 17-27.

[287] Gong W P, Shen J, Hong B. The influence of wind on the water age in the tidal Rappahannock River [J]. Marine Environmental Research,2009, 68(4): 203-216.

[288] Zhang W, Wilkin J L, Schofield O. Simulation of water age and residence time in New York Bight[J]. Journal of Physical Oceanography,2010, 40(5): 965-982.

[289] Wang C F, Hsu M H, Kuo A Y. Residence time of the Danshuei River estuary, Taiwan[J]. Estuarine, Coastal and Shelf Science,2004, 60(3): 381-393.

[290] Zimmerman J. Mixing and flushing of tidal embayments in western Dutch Wadden Sea, part II. Analysis of mixing processes[J]. Netherlands Journal of Sea Research,1976, 10(4): 397-439.

[291] Takeoka H. Fundamental-concepts of exchange and transport time scales in a coastal sea[J]. Continental Shelf Research,1984, 3(3): 311-326.

[292] Yuan D, Lin B, Falconer R A. A modelling study of residence time in a macro-tidal estuary[J]. Estuarine, Coastal and Shelf Science,2007, 71(3-4): 401-411.

[293] Deleersnijder E, Campin J M, Delhez E. The concept of age in marine modelling I. Theory and preliminary model results[J]. Journal of Marine Systems,2001, 28(3-4): 229-267.

[294] Shen Y M, Zhen Y H, Wu X G. A three-dimensional numerical simulation of hydrodynamics and water quality in coastal areas[J]. Progress in Natural Science,2004, 14(6): 694-699.

[295] Zheng L Y, Chen C S, Zhang F Y. Development of water quality model in the Satilla river estuary, Georgia[J]. Ecological Modelling,2004, 178(3-4): 457-482.

[296] Yassuda E A, Davie S R, Mendelsohn D L, et al. Development of a waste load allocation model for the

Charleston harbor estuary, phase II: water quality[J]. Estuarine, Coastal and Shelf Science, 2000, 50(1): 99-107.

[297] Delhez É J M, Heemink A W, Deleersnijder É. Residence time in a semi-enclosed domain from the solution of an adjoint problem[J]. Estuarine, Coastal and Shelf Science, 2004, 61(4): 691-702.

[298] Liu W, Chen W, Cheng R T, et al. Modeling the influence of river discharge on salt intrusion and residual circulation in Danshuei river estuary, Taiwan[J]. Continental Shelf Research, 2007, 27(7): 900-921.

[299] Shen J, Lin J. Modeling study of the influences of tide and stratification on age of water in the tidal James River[J]. Estuarine, Coastal and Shelf Science, 2006, 68(1-2): 101-112.

[300] Gameiro C, Cartaxana P, Cabrita M T, et al. Variability in chlorophyll and phytoplankton composition in an estuarine system[J]. Hydrobiologia, 2004, 525(1-3): 113-124.

[301] Lopes J F, Silva C. Temporal and spatial distribution of dissolved oxygen in the Ria De Aveiro lagoon[J]. Ecological Modelling, 2006, 197(1-2): 67-88.